ベイズの誓い

―― ベイズ統計学はAIの夢を見る

松原 望

Seigakuin University Press

時の過ぎゆくままに

時は過ぎても
基本的なものは残るもの
The fundamental things apply
As time goes by

映画『カサブランカ』*再会

神によって我々に啓示されたことは、
何にもまして最も確かなこととして
信じられなければならない

デカルト『哲学原理』（1644）

＊曾根田純子訳、フォーイン（株）発売, 2014（訳文行逆転改変）

まえがき

ベイズ統計学、元祖 AI、そしてシンギュラリティまで

「ベイズ統計学」へようこそ。

ベイズの温めていた偉大な想いは 270 年後の現代の AI（人工知能）に実現したように思います。'完全食品'を味わいましょう。

易しくというよりは優しく書きましたが、ついに本格派登場です。「ベイズ統計学」は新しく、同時に本当は今日まで 270 年の古い歴史をもつ統計学です。道理で、それだけで**「確率」**、**「論理」**、**「統計」**の 3 要素をすべてバランスよく備えており、食品でいえば栄養価の高い完全食品に近いものです。かなり年月がかかりましたが、やっとそのよさやメリットが認められました。著者も 45 年も研究しましたが、すごく人間にフレンドリーな統計学ですから、これからの 21 世紀に欠かせません。もともとベイズ統計学は「スパム・フィルタ」からもわかるように、AI と相性がいいのですから。

といっても新しいモノ好きを勧めているのではありません。「ベイズ・モデル」とか「ベイズ流」とかの言い方がありますが、何も従来の統計学とことさらに異なる'テク'ではありません。歴史も大切にする立場からは、従来の統計学を知らずにベイズ統計学のよさはわかりません。理系には'歴史嫌い'が多いのですが、考え方の発展の積み重ねを知らずにただコンピュータを回しても、人間はコンピュータの下僕ではありませんから、回していること自体にいずれ意義を見出せなくなるでしょう。ベイズ統計学はじっくり「考える」統計学です。

ところで、AIを機械学習や深層学習のことと思っている人が多いようですが、少なくとも学びの必須要素は実は地道で「確率」、「論理」、「統計」（つまりIT）なのです。要するに、ベイズ統計学はそのまま「元祖AI」になっています（コンピュータ・プログラミングは実施手段です）。世間は、ベイズとAIのつながりには最近気づいてきたようですが、AIを学ぶにはまずベイズ統計学を学ぶのが正統であり、かつ実際的、実践的です。本書はその構想の初めてのものです。後悔しないように、機械学習や深層学習の前にキチンと修練を積んでください。Excelでも十分に納得できます。

AIの将来にかかわる「シンギュラリティ」の本質も、避けることなく第10、11章でズバリ紹介、解説しました。カーツワイル自身ベイズに触れています［このトピックは残念ながら既刊の自著『ベイズ統計学』（創元社）に入れることができませんでした］。AIの将来も時間の経過とともにハッキリと見定めることができるでしょう。とどのつまり、統計学は、過去、現在、未来にすべて同じ重要さで関わります。ベイズ統計学は中に「時間」次元（ベイズ更新）をもっているのです。では、21世紀人として、まず序章からスタートしましょう。

ベルリンにて　著者

序章

トーマス・ベイズ師の
ベイジアン・ルネッサンスと AI

　ベイズ統計学（Bayesian Statistics）とは、事前確率を「ベイズの定理」で演算することによって、統計学のより有用な面を明らかにした一大領域である。ベイズの定理は文字通り、18世紀の英国のトーマス・ベイズ（Thomas Bayes, 1702-1761）によって提唱された確率論上の定理だが、ベイズが本職の数学者でなかったため、大きなポテンシャルにもかかわらず2世紀半もの長い間無視されてきた。ようやく20世紀の後半になって「ベイズ統計学」としてその斬新な姿を再現したのである。「ベイズ流」とか「ベイズ・モデル」などというよりは、いわば「ルネッサンス」といってよいのである。

トーマス・ベイズ　　　　　　　ブレーズ・パスカル
(Thomas Bayes, 1702-1761)　　(Blaise Pascal, 1623-1662)
定理に未来の AI の夢　　　　　　人間は「思考」する存在

<u>後世への最大のレガシー</u>

　ベイズ統計学が姿をあらわしたころ、すでに従来の統計学は確立していた。（大学で習う）分布論（カイ二乗分布、t 分布、F 分布）、検定、推定、

分散分析、回帰分析などがそれである。これは統計学のイロハでありこれを知らずに統計学は語れない。知らなくてもよい言い方だが「フィッシャー・ネイマン・ピアソン理論」とか、「頻度派」とかいう。

だが、多様なデータがあらわれ、実際の実用に対しては多少窮屈になってきた。

著者がスタンフォード大学で学んだ 1960 年代終わりころ、アメリカですでにベイズ統計学のコトバは聞かれた。本格的ではないが、「事前確率」、「事後確率」そして事前確率には**人個人の主観的予想**も入れてよい、という'もってのほか'の発想はもの珍しく斬新であった。つまりすでに AI の発想なのである。本場シリコンバレーはスタンフォード大学の知識集積から起こり、当時すでに Palo Alto の隣地にヒューレット・パッカード社が進出していた。

しかし、日本ではベイズ統計学は受け入れられず最初は白眼視、異端視され、私も苦労した。「私はベイジアン（Bayesian）ではない」とわざわざ宣言する研究者さえいて、かつて私をスタンフォード大学に送り出してくれた一人の赤池弘次氏さえ当時は強烈なベイズ嫌いであり、しばしば論議になった。赤池氏は哲学的思考や主観的個人主義を受け入れなかったのである。だが、いまや時移り人変わり、ベイズ統計学の時代になり、コンピュータでベイズの定理を計算しさえすればベイズ統計学と考える急進派さえいる。

AI は「人の感じ方、考え方」が元であり、その目的は人間らしい読解力や意味理解を深めることである。本来は論理、心理、そして哲学・宗教まで入る。ベイズ統計学はそこでも現代の AI につながる。ベイズ師は数学者ではなく、英国の新教（プロテスタント）の牧師であった（「師」は敬称）。当時の英国のキリスト教の首長はイギリス国王で、イギリス国教が正統であった。新教徒は強制に反発し「非服従派」（ノンコンフォーミ

スト）と呼ばれ、それでこその自由な発想をもち哲学や数学を学ぶ知識階級も多かった。宗教的背景は当時の数学者の一般的傾向で、ライプニッツ、ベルヌーイ家、オイラー、メルセンヌ神父などはその例である。

ベイズの生涯や最後はよくわからない。経歴には自由の果てに神秘的な背景もあるが、それは別に変なことではない。なぜなら、偉大な学問や知識の輪郭というものはすっきりしたものではない。実際AIの行く末も実は神秘に包まれ、誰も確かなことは言えない。それでも、ベイズとAIに共通するものは、人とは考えるものだ、そこにはルールも形式もある、ということである。

パスカルのいうごとく、「人間は弱い葦」である。しかし考える葦である。そこに人間の思考の偉大なところがあるということであろうか（これは、学生時代教養学部教授でパスカル研究家であった前田陽一先生から親しく教えを受けたことである）。思い上がりはもちろん、恐れることもないのではないか。自らきちんと思考すれば……。それがベイズの言い残した教訓である。

目次

まえがき　3

序章　トーマス・ベイズ師のベイジアン・ルネッサンスとAI　　　5

第1章　ベイズ統計学事始め——AIの元祖を学ぼう

1.1 身近なハテナを学問する——ベイズ統計学 ———— 16

1.2 基本のキ！——ベイズの定理 ———————— 18

1.2.1　基礎中の基礎——つぼのモデル　18

1.2.2　「ベイズの定理」を式で書く——計算の2式　22

1.3 もっと試そう、ベイズの定理 —————————— 24

1.3.1　メール開けていいのか悪いのか——ベイズの定理・例1　24

1.3.2　腫瘍マーカーがたとえ陽性でも——ベイズの定理・例2　26

1.3.3　バレンタインデーにチョコが来た！——ベイズの定理・例3　27

1.4 アップデートでより正確に——「ベイズ更新」の上書き機能 —— 28

第2章　ベイズの定理・シンプル応用編——ベイズの定理の証拠力を見よ

2.1 ベイズの定理は証拠を与える ————————— 32

2.2 メールを仕分ける「ナイーブベイズ判別器」

　　　——ベイズの定理・応用例1 ———————————— 33

2.2.1　メールフィルタを試作してみよう　33

2.2.2　スパム度の計算　36

2.2.3　復習：スパムの正判定率——TP, TN 対 FP, FN　39

8

2.3 | 臨床検査'マーカー'の信頼性——ベイズの定理・応用例2———— 40
2.3.1 検査の陽性・陰性の意味を知る 40
2.3.2 ＋中のTPの確率の計算例と重要注意 42

第3章 ベイズ判別によるパターン認識——"いずれアヤメかカキツバタ"

3.1 | アイリスのフィーチャー（容貌）———————————— 46
3.1.1 「フィッシャーのアイリス・データセット」から始める 47
3.1.2 データセットを行列化し、分布を把握する 49
3.1.3 データを x, yに整理する——教師付き学習用データへ 50

3.2 | アイリスのデータセット＋ベイズ判別 ——————————— 52
3.2.1 種を言い当てる＝最大事後確率に決定する 52
3.2.2 １次元、２次元から理解する 54
3.2.3 ベイズ判別領域に単純化してハンディに視覚化 59

3.3 | 素朴な多変量解析と線形判別関数 ————————————— 61

第4章 ベイジアン・ネットワークの原理 ——「人間」にもっとも近いAIのすすめ

4.1 | 「ベイジアン・ネットワーク」とは ———————————— 66
4.1.1 因果関係とは 67
4.1.2 確率的因果関係と条件付き確率を組み立てる 68

4.2 | 複数の症状から原因疾患を読み解く
—— 医療診断でのベイジアン・ネットの原理 ———————————— 69
4.2.1 「昏睡はないが、激しい頭痛はする」の条件付き確率 70
4.2.2 「転移性腫瘍がある確率」を知る 75
4.2.3 ポイント：データ自体には論理はない 79

9

第5章 二項分布、ポアソン分布、正規分布のベイズ統計学
―「事前分布」の急所を学ぶ

5.1 ベイズ統計学の新世界へ ――――――――――― 82
5.1.1 レビュー:「ベイズの定理」とは事前分布×尤度　83
5.1.2 事後分布は「終わり」ではなく「始まり」　83

5.2 パラメータの事前分布の基本形 ――――――――― 85
5.2.1 自然共役事前分布という正統　85
5.2.2 二項分布の自然共役事前分布はベータ分布
　　　――見立てで薬の効き目の結論が変わるか?　92

5.3 ポアソン分布、正規分布に対するベイズ推論 ――――― 98
5.3.1 ポアソン分布の自然共役事前分布はガンマ分布
　　　――タイピングの腕前　99
5.3.2 正規分布の自然共役事前分布は正規分布
　　　――High or Low? 標準血圧の不思議　103

第6章 階層ベイズ・モデルとMCMC――多段階をひとつに束ねる

6.1 ベイズ統計学の発展 ―――――――――――― 110
6.1.1 枝と葉がついたモデル――現実の木は幹だけではない　111
6.1.2 階層ベイズ・モデルの意図――ベイズ統計学の成功の証拠　112

6.2 階層ベイズ・モデルの使い方 ――――――――― 114
6.2.1 分散分析一元配置型の階層ベイズ・モデル
　　　――試験の'短期対策'は本当に効果があるのか　114
6.2.2 ポアソン回帰の階層ベイズ・モデル
　　　――降圧剤の効果をメタ分析する　117

6.3 自然共役事前分布の限界 ――――――――――― 122
6.3.1 マルコフ連鎖モンテカルロ法（MCMC）　123
6.3.2 MCMCの理由　123
6.3.3 MCMCの応用事例――帝王切開手術の感染リスク　125
付記　MCMCの原理早わかり――「マルコフ連鎖」を学ぶ　128

第7章 バイオインフォマティクスとベイズ統計学
——遺伝暗号を解読する

7.1 「ゲノム」を知る ———————————————————— 136

7.1.1 バイオインフォマティクスの定義　136

7.1.2 ゲノムの統計的諸元とAI　137

7.1.3 遺伝子の発現と疾病　138

7.2 がん遺伝子の発現
——発現量データのプロビット回帰分析 ———————————— 141

7.2.1 マイクロアレイデータを整理する　141

7.2.2 遺伝子選択の事前分布に階層ベイズ・モデルを用いる　143

7.2.3 実際例：大腸がんのマイクロアレイ分析結果　145

第8章 動く対象とカルマン・フィルタ——自動運転技術のしくみにも

8.1 自動運転車に必要なベイズ統計学 ————————————— 154

8.1.1 自車位置推定と地図作成を同時遂行——SLAM　155

8.1.2 「状態」をカルマン・フィルタで精確キャッチ　157

8.2 カルマン・フィルタのための状態空間表現 ——————— 158

8.2.1 状態の「動き」を式にする：運動方程式　158

8.2.2 「観測」のされ方を式にする：観測の方程式　159

8.2.3 状態空間表現：複線形で表現　160

8.3 カルマン・フィルタとカルマン利得 ————————————— 161

8.3.1 フィルタとフィルタリング　161

8.3.2 カルマン・フィルタのメカニズム　162

8.4 カルマン・フィルタによるExcelシミュレーション ——— 166

8.4.1 状態空間表現の設定　166

8.4.2 Excel計算実行　167

第9章 ニューラル・ネットワークの進化
——シグモイド関数は「ベイズの定理」の別表現

9.1 | ベイズの定理はAIへの出発点 —————————— 170
9.1.1 来年のバレンタインデーの「期待」をグラフに
——ベイズの定理からロジスティック関数へ　171
9.1.2 ロジスティック関数の'フシギ'　173
9.1.3 softmax関数のハイライト機能　176

9.2 | ニューラル・ネットワーク（NN）の登場 —————— 178
9.2.1 NN＝パーセプトロンのリバイバル版　178
9.2.2 NNの概形を把握する　179
9.2.3 NNを学習させる——誤差逆伝播法とTensorFlow　181

9.3 | 手書き数字キャラクタの判別学習
——くせ字の判読は機械が得意？ ————————— 186

第10章 The Singularity is Near の'予定された世界'
——「シンギュラリティ」の戸口に立つ

10.1 | The Singularity is Nearを読み解く ——————— 191
10.1.1 はじめに　191
10.1.2 立ち位置を知る　191

10.2 | GNRとその先にあるもの —————————————— 193

10.3 |「シンギュラリティ」の数学上の意味 ———————— 195

10.4 |「シンギュラリティ」の意図するところ —————— 196
10.4.1 AIの将来は「明るい」のか？　197
10.4.2 「シンギュラリティ」という語に込めた想い　198
10.4.3 先人たちの予想　199

10.5 | 統計的な証拠 ————————————————————— 201

10.6 シンギュラリティは 'いつ' か ——————————— 203

10.6.1 2030年代における知能のキャパシティを経済計算する　203

10.6.2 2040年代中頃にシンギュラリティに到達する　204

10.7 6つの紀——進化のパラダイム ——————————— 205

10.7.1 「第5紀」でシンギュラリティ　205

10.7.2 「第6紀」とは——シンギュラリティ以降　205

10.7.3 唯物論的構想はなぜか　206

10.8 カーツワイルの「第6紀」の構想 ————————— 207

10.8.1 著者の出自と「スピリチュアリティ」　207

10.8.2 「Godのみ」のユニテリアン　208

10.8.3 Godをめぐる対話篇　211

第11章　確率とAIとシンギュラリティ——これからの重要ポイント

11.1 「統計学的基礎力」の重要性 ——————————— 216

11.1.1 やはり「確率」は不可欠——AIの学び方　216

11.1.2 「確率」+「データ」≒ベイズ統計学　220

11.2 ハンズオン・データの高速収集 ————————— 223

11.2.1 必勝AIじゃんけんゲームの試作——as if じゃんけんゲーム　224

11.2.2 トレーダーの危機か?好機か?——株式でも「高速」が制圧　227

11.3 現代コンピュータ文明は「バベルの塔」

——銀行ATMと公開鍵暗号系（RSA）————————— 232

11.3.1 ATM暗号化の流れ　232

11.3.2 '不可能'もそのまま大切に　235

11.4 ベイズの誓い、AIの夢 ——————————————— 236

あとがき　240

参考文献　244

索引　248

13

第 1 章

ベイズ統計学 事始め

AI の元祖を学ぼう

第1章

ベイズ統計学事始め
——AIの元祖を学ぼう

1.1 身近なハテナを学問する——ベイズ統計学

　私たちの生活の中には、身近なところに「これは何だ？」「いま、私はどうなっているの？」「どうしてなの？」という疑問や問いかけがあふれている。たとえば、

「"お得"と書いてあるタイトルのメールが来たが、不安で開けられない」
「腫瘍マーカーが陽性だった。がんと思うしかないんだろうか」
「女の子から突然バレンタインデーのチョコを貰ってしまったが、喜んでいいのかな」

というありふれた悩みがある。これらに共通しているのは、「モト（原因）

One point

確率

　「確率」は天気の確率予報のように全体100に対する割合％で表わすが、確率論では全体＝1と定め、その中の割合で表わす。したがって、確率は1より小さい小数、あるいは分数になる。どちらでもいい。

　0.1, 0.25, 0.3, 0.75あるいは1/10, 1/4, 3/10, 3/4などはキリのいい例といえる。

　もちろん0.35397などでもいい。確率は数学的に計算できる場合もあり、大学入試でも出題されるが、日常会話でも感覚的に'十中八九'（0.8〜0.9）のように用いられている。それも重要な用法である。

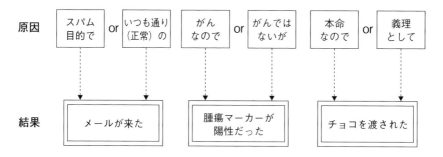

図1.1 原因と結果
どちらが本当の原因か？

は何か」ということだ。つまり、

「このメールは迷惑メール（スパムメール）なのか、正常メールなのか」
「腫瘍マーカーが陽性になったは、がんのせいか、たまたまなのか」
「このチョコはどうして来たのか、**本命チョコ**か、**義理チョコ**か」

というような、推察できない原因で考え込んでいることになる。数学的に図に表わすと、2通りのどちらも'ありうる'が、現実としての原因は必ず1通りだ（**図1.1**）。どちらが本当か確かな情報はないが、想像や予想はある。これといったデータはないが、想像や予想も広い意味での「データ」と考えれば「統計学」になる。こういう現実的な疑問はしばしば私たちが出会うところであり、そこが「ベイズ統計学」の目指すところであり、その特徴といえる。

$\Big|1.2\Big\rangle$ 基本のキ！──ベイズの定理

ベイズ統計学の基礎は「ベイズの定理」と呼ばれる、簡単な確率の計算のしかたから始まる。**図1.1**で、上段の2種を「**原因**」、下の1種を「**結果**」と記述した。前述したような疑問は、

結果はわかっているが、原因が複数あるうちどれであるかわからない

というところが共通の課題となる。

1.2.1 $\rangle$ 基礎中の基礎──つぼのモデル

昔から確率の問題を解くのに、さいころを振るとか、カードのゲームをプレーするというモデル（例題）で説明されてきた。つぼから玉を選ぶ「**つぼのモデル**」もそのうちの1つである。

つぼが A_1, A_2, A_3 の3つあり、その中に赤玉（R）、白玉（W）がそれぞれ比率

$$A_1: \quad 赤\ 対\ 白 =3:1$$
$$A_2: \quad 赤\ 対\ 白 =1:1$$
$$A_3: \quad 赤\ 対\ 白 =1:2$$

で入っている（**図1.2**）。

ベイズの定理では、A_1, A_2, A_3 が3通りの「原因」となる。いま、どのつぼでもいいから（ランダムに）つぼを選び、そこから玉をランダムにとった。その玉が「結果」B となる。玉は赤玉 R だった。

問　この赤玉（R）はどのつぼから選ばれたか、それぞれの確率を求めよ。

答　問題自体を確率で表わすと次の**図1.3**のようになる。あくまで一例だ

僕は嗅覚、ホープ君は確率感覚……

なに考えてるの？　ほら、おやつだよ

今日の1本はどのブランドかな。僕ら、ビミョーな違いがわかるんだよね

が、12個の場合を示した（**図1.2**）。実は無限個が望ましいが、それは示せない（あるいは色を見たらつぼに返せば、無限個あることになる）。

次に計算を**図1.4**で表わす。

全体の面積＝1の正方形を考え、まずそれをタテに（3通りの場合 A_1, A_2, A_3）に分ける。どの場合も平等になるので 1/3 ずつの幅となる。実際、つぼをランダムに選ぶことは、どのつぼも確率 1/3 で選ばれることなので、確率をうまく図形で表したことになる（小島寛之『完全独習　ベイズ統計学入門』より）。

それぞれの3通りの中で、さらに赤玉 R をひく場合は確率（比率）

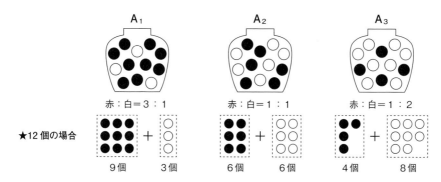

図1.2　3つのつぼ
この比率で無限個（あるいはきわめて多数）あると考えてもよい。

3/4, 1/2, 1/3 の部分となるから、それらの面積は (1/3)×(3/4), (1/3)×(1/2), (1/3)×(1/3)、つまり、1/4, 1/6, 1/9 となり、合計すると（通分して）

$$9/36 + 6/36 + 4/36 = 19/36$$

となる。これが赤玉 R が出るすべての場合の確率である。ただし、今回は赤玉 R が結果として出ているため、白玉の出る確率は考えなくてよい。

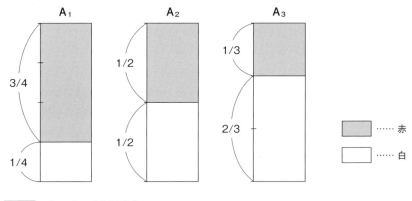

図1.3 3つのつぼの確率

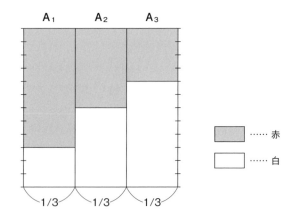

図1.4 3つのつぼ：全体の面積＝1の正方形で表わす

3通りの部分でそれぞれ A_1, A_2, A_3 から来た部分の比率は、赤玉の全体の和で割ればよく（玉の総数である36は無視してよく）、19のうち9：6：4で、確率に直すと

$$9/19, 6/19, 4/19 \quad あるいは \quad 0.47, 0.32, 0.21$$

と求められた。また和は1になる。

　この計算のプロセスは難しくないだろう。以上の確率の求め方が「ベイズの定理」である。

　結果をExcel（Microsoft Excel、表計算ツール）のグラフにしておく（**図1.5**）。

　A_1 の可能性が優勢であることがわかる。もともと A_1 は赤玉 R が多いつぼ、A_3 は赤玉が少ないつぼであるから、当然の結果といえ、また、人の実際感覚や直観にもよく合っている。そこがベイズ統計学の最大の強みであるといえる。ちなみに、言語で表わすと、たとえばつぼ A_1 は「もっともありうる」、A_2 は「可能性は小さい」A_3 は「ないとはいえないが考

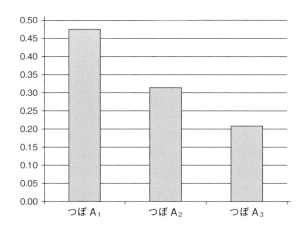

図1.5　3つのつぼ：結果の Excel

えなくてもいい」などとなるだろう。人の感覚に近い結果が得られるところから、**人工知能（AI）にも使えそうだ**と、推察できるのではないだろうか。

1.2.2 ▷「ベイズの定理」を式で書く——計算の2式

1.2.1 での論述を式で表わす。今後一般的な場合は、式に当てはめればよく便利であるため、専門用語も示しながらまとめる。**1.2.1** と同じく、原因は3通りと設定する。まず

事前確率（w）　　　　　$w_1 = 1/3$,　$w_2 = 1/3$,　$w_3 = 1/3$
尤度（結果の確率）（L）　$L_1 = 3/4$,　$L_2 = 1/2$,　$L_3 = 1/3$

から $w_1 L_1$, $w_2 L_2$, $w_3 L_3$ を計算し、その和 $w_1 L_1 + w_2 L_2 + w_3 L_3$ で割って

事後確率（w′）

$$w_1{}' = \frac{w_1 L_1}{w_1 L_1 + w_2 L_2 + w_3 L_3}, \quad w_2{}' = \frac{w_2 L_2}{w_1 L_1 + w_2 L_2 + w_3 L_3},$$

$$w_3{}' = \frac{w_3 L_3}{w_1 L_1 + w_2 L_2 + w_3 L_3}$$

（比で表わすなら、共通の分母は省略可）

が求められた。原因が2通り以上の何通りでも同様である。この式が「**ベイズの定理**」（Bayes' theorem）である。

事前確率：まだ結果（データ）がない状態の確率で、事前の予想、想
　　　　　像、確信としての確率（主観確率）
尤　　度：「結果」の起きる確率（原因ごとに考える）
事後確率：出た結果（データ）に基づく確率で、「ベイズの定理」の結果

事後確率はここでは′をつけているが、「ベイズ統計学」はデータから事後確率を求め、それをさまざまに利用して分析する統計学である。たとえば、このつぼのモデルでは最大の事後確率はどれか、という視点で、もとのつぼを推量している。なお、面倒なようだが、分母は共通で分子のみ変化していることに注意してほしい。

　つぼのモデルの数値を当てはめてみよう。分数の計算を手際よくやって、一挙に

$$w_1' = \frac{(1/3)(3/4)}{(1/3)(3/4)+(1/3)(1/2)+(1/3)(1/3)} = \frac{9}{19}$$

などとなる。w_2', w_3' も計算できて、一揃いの

$$w_1' = 9/19, \qquad w_2' = 6/19, \qquad w_3' = 4/19$$

が得られた。wはそれぞれの 1/3, 1/3, 1/3 からデータ（観察）によって新しくなったのである。これを「ベイズ更新」（Bayesian updating）といい、ベイズの定理の本質となっている。

　ひいたものが白玉だったらどうなるだろうか。このケースなら

$$L_1 = 1/4, \qquad L_2 = 1/2, \qquad L_3 = 2/3$$

と変えて、更新されたwはそれぞれ

$$w_1' = \frac{(1/3)(1/4)}{(1/3)(1/4)+(1/3)(1/2)+(1/3)(2/3)} = \frac{3}{17}$$

で、同様に

$$w_2' = \frac{6}{17}, \quad w_3' = \frac{8}{17}$$

となる。今度は白玉の多いつぼ A_3 の確率が最大になるが、これも人の直観に合うだろう。

1.3 もっと試そう、ベイズの定理

本章の始めに挙げた実例も問題として解いてみよう。指定した確率は、事前に統計データや、自分や他人の過去の経験からわかっているものとする。実際的な疑問とその条件設定の例から、ベイズ統計学のさまざまな役立て方がわかると思われる。

1.3.1 メール開けていいのか悪いのか——ベイズの定理・例1

携帯に届いた、知らないアドレスからの「お得」なメール。果たして、これは開けてもいい安全なメールだろうか。

前述のとおり、ベイズの定理を使って予測するためには、問題を考えるもととなる条件の数値を2種類（**事前確率**と**尤度**）設定する必要がある。

今回は、「**携帯に'お得'というキーワード入りのメールが来る確率**」、

One point

「スパム」「スパマー」とは

「スパム」（spam）はおおむね"迷惑メール"と考えてよく、依頼もされないのに（unsolicited）、正体不明の送信者——「スパマー」（spammer）という——から大量に送信されてくるメールを指し、成人限定サイト、違法あるいは違法すれすれの勧誘サイトの URL へ誘導するものなどをはじめ、さまざまな形態がある。目的は個人アドレスの収集であり、スパムメールはまず開封せずに削除することがもっとも安全である。

スパムの送信量は膨大で1日あたり数億通にのぼるとされ、各種セキュリティが導入されていっても、今後ますます増加すると予想されるため、すべてを個人で判別することは非常に難しい。なお、元来「スパム」はある食肉缶詰のブランド名、正常でスパムの反対語は「ハム」（ham）である。

お、メールだ。うーん、ぜんぜん知らないメールアドレスだな。でも「お得」って書いてあって気になるな……

においはないけど、危なそう

急に袖をひっぱって、どうしたのベイジー。なにか感じたの？

きちんと見分けてほしいなぁ。関係ないけど

そして「**スパムメールが'お得'というキーワードを使う確率**」の2点に着目する。

スパム（迷惑）メール＝1，正常メール＝2と定義する。いくつかのショップのメールマガジンが登録されているとし、「お得」のワードを含むメールが来る割合は、事前確率として、$w_1=0.2, w_2=0.8$ とする。一方、スパムあるいは正常メールが「お得」のワードを含む確率は、尤度として、それぞれ $L_1=0.95, L_2=0.5$ とする。

ベイズの定理より、このメールがスパムである事後確率は

$$w_1' = \frac{(0.2)(0.95)}{(0.2)(0.95)+(0.8)(0.5)} = 0.884$$

とかなり高くなる。逆に正常である確率は $w_2'=1-0.884=0.116$ となる。

1.3.2 ▶ 腫瘍マーカーがたとえ陽性でも──ベイズの定理・例2

　ある人は、数年前から体調で少し気になるところがあり、今回人間ドックを受けるときに腫瘍マーカーのオプションを追加した。結果は、陽性。しかし、腫瘍マーカー（以下、マーカー）というのはがん以外が原因でも陽性反応を出すことがある。またそのほかの精密検査はこれから、というところである。さて、現時点での情報だけを使ったとき、がんである確率はどれくらいだろうか。

　腫瘍マーカーをはじめとしたスクリーニング検査における、医療統計のよくある着目点として「**検査を行なった施設での有病率（対象疾患である確率)**」「**その検査が陽性になったとき、原因が対象疾患によるものか、そうでないものか**」などが挙げられる。今回もそれに倣い、この章ではできるだけシンプルに捉えてみよう。

　がんである＝1，がんでない＝2とし、この人間ドックの受信者の中では、事前確率として $w_1=0.1(10\%)$, $w_2=0.9(90\%)$ とおく。がんである場合のマーカー陽性（真陽性）の率は $L_1=0.8$、がんでない場合のマーカー陽性（偽陽性）の率は $L_2=0.1$ とする（この値はあくまで数字上の例である。また真陽性・偽陽性の件については **2.3.1** にて詳説する）。

　ベイズの定理より、この結果から真にがんである事後確率は

$$w_1' = \frac{(0.1)(0.8)}{(0.1)(0.8) + (0.9)(0.1)} = 0.471$$

と半分にも満たず、**必ずしも確定したわけではない**。なお、がんでない確率は $w_2'=1-0.471=0.529$ だけある。立派に AI ではないだろうか。同時に、AI も断定はしてくれないことがわかる。

　これが、がんを専門とする病院に紹介されたあとの検査であれば、w_1, w_2 の値が変わってくるため結果も変わる。また、がんの手術後に使用される腫瘍マーカーはまた、意味合いがまったく違ってくる。医学統計学とベイズ統計学には密接な関わりがあるものの、その条件設定にはきちんと

僕、若いけど、年を取るとがんが怖いね

犬は短命だから

お父さん、がんなのかも。やだなぁ……

長生きすると心配なんだよね

した医学知識をもとにするなど、細心の注意が必要であることは言うまでもない。なんにせよ、未来はまだまだ不透明といえる。AIで人の判断が奪われるということはないだろう。

1.3.3 ▶ バレンタインデーにチョコが来た！――ベイズの定理・例3

　バレンタインデー当日に女の子から渡されたチョコが、果たして本命か、という、あまり客観性がない問題である。実は、このようなとき、とくに、ベイズの定理は役立つ。

　本命＝1, 義理＝2 と定義する。本来であれば、このように客観性のほぼない事例では、「**理由不十分の原則**」から、w_1, w_2 の事前確率は 0.5 ずつとするところだが、今回は、希望も一部混じった直観から、事前確率として $w_1=0.7$, $w_2=0.3$ とする。また、昨年までの雰囲気から、バレンタインの日、女の子が本命チョコを誰かにあげる確率は $L_1=0.65$、習慣で義理チョコをあげる確率は $L_2=0.5$ としておく。

　このとき、このチョコが本命である事後確率はベイズの定理より

$$w_1' = \frac{(0.7)(0.65)}{(0.7)(0.65)+(0.3)(0.5)} = 0.752$$

となる。分数の式処理いいですか。

今日はバレンタインデーなんだけど、隣の女の子からチョコを渡されたんだよ。ちょっとキマリ悪いよね

人間って大変だね。考えすぎかも

ちょっとビミョーなキモチがするね。考えないでおこう……

犬の世界だったらどうなんだろう。人間ってデリケートだからうまくやってくださいね

なかなか、希望がもてる確率といえる。ただ、これで勇気をもってアタックするか、というと、また別の条件も追加検討したい気持ちにもなる。

1.4 アップデートでより正確に ——「ベイズ更新」の上書き機能

文章をパソコンや携帯で書くとき、それまでの入力内容に新しい入力が追加されたり、入れ替わったりすることで、内容が常に最新に更新（アップデート、update）される。「デート」（date）とは日付（時間）の意で、「アップ」（up）は'そこまで'を意味する。つまり'その時まで'のものにすることである。

同じように、ベイズの定理でも、1つの事後確率が生まれたことによって、ここまでの事前確率に替わり

事後確率 ⇒ 新しい事前確率

と更新され、またそれが正しいことも簡単に証明できる。

1.2.1 で扱った、つぼのモデルで説明する。つぼ A_1, A_2, A_3 のそれぞれから赤玉 1 個をひく確率は、先に求めたとおり 9/19, 6/19, 4/19 であり、いま、また同じつぼからさらに玉を抜くとすると、今回はこれが事前確率になる。したがって、今回もまた赤玉（**R**）であったとすると（新しい）事後確率は、多少計算が込み入るが

$$w_1' = \frac{(9/19)(3/4)}{(9/19)(3/4) + (6/19)(1/2) + (4/19)(1/3)} = \frac{81}{133} = 0.609$$

となり、他のつぼも同様に

$$w_2' = \frac{36}{133} = 0.271, \quad w_3' = \frac{16}{133} = 0.120$$

となって、A_1 の可能性はますます上がり、A_3 についてはますます下がることがわかる。そもそも A_1 は赤玉を多く含み A_3 は少ないのだから、このように証拠が強化されるのは当然で、**ベイズ更新が合理的である**、つまりベイズの定理が人の気持ち（考え方）にフィットしていることがわかるだろう。そして、ベイズの定理やベイズ統計学のしくみがよくできていることも納得できるだろう。これは **AI へと発展** していく。このことは今後さまざまな方向に展開する。期待して読んでいただきたい。

Memo

第2章

ベイズの定理・シンプル応用編

ベイズの定理の証拠力を見よ

ベイズの定理・シンプル応用編
――ベイズの定理の証拠力を見よ

2.1 ベイズの定理は証拠を与える

　天文学者が星を天文学の要素とするように、統計学者は科学的思考それ自体を第一の要素にする。統計学は計算だと思っている人は多いが、その面はあるとしても、統計学は判断の論理である。偶然の発見は論証を与えられないかぎり、その後は立ち行かず、結局むなしい。その要素の中で最重要なのは判断の「**証拠**」（エビデンス、evidence）であり、「データ」をもとに論理を通して証拠を計算し、それによって判断を下す。判断は判定（判別ともいう）であったり予測であったり具体的な行動であったりもする。第 1 章で学んだ「ベイズの定理」は、ものごとの起こる原因の推量の直接的証拠を与えるといえる。実際、ベイズ統計学は、すでに日常のあらゆる場面での判別に役立てられている。

　1.3.1 ならびにこれから述べるスパムメール判定のシステムのひとつとして、ずばり「**ナイーブベイズ判別器**」（Naïve Bayesian classifier）というものがある。'判別器' とはハードウェアの意ではなく、'classifier' [classify（分けて、判別する）＋ -er（～するもの）] の訳である。'ナイーブ'（naïve）とは、単純な、直接的、そのまま、素朴な、初期の、くらいの意味で、ベイズの定理からただちに導かれるということを表わす。この判別器の歴史は古く、（第 10 章で紹介している）カーツワイルの *The Singularity is Near*（『シンギュラリティは近づいた』）にも '最初の AI' として紹介される著名な例である。ベイズ統計学の有用性の重要な証拠であろう。メールのやりとりが増加し続ける現代において、このシス

テムの応用は、今後ますます重要な働きと役割として注目されていくだろう。

また、**1.3.2** で触れた、腫瘍マーカーの有用性の証拠としての信頼性を算出するときも、実は、ベイズの定理がほとんど定理そのままの形で用いられている。

これらから、本章では、基礎である「ベイズの定理」に「データ」という素材を加えることによって、ベイズ統計学がどのような広がりを描くのか、その第 1 段階を紹介する。第 1 章で例示した 3 例に、それぞれ新しいデータを追加したとき、その「証拠力」がどう変化するのか、着目していただきたい。

2.2 ⟩ メールを仕分ける「ナイーブベイズ判別器」 ──ベイズの定理・応用例1

1.3.1 では 1 通のスパムメールについて考えたが、実際問題として、毎度スパムかを悩むことは大変面倒である。

そこで、考えたいのが「**スパム・フィルタ**」の試作である。

2.2.1 ⟩ メールフィルタを試作してみよう

一般にスパムと正常とを判別し、正常のみを通す分類器を「スパム・フィルタ」(spam filter) という (**図 2.1**)。'フィルタ'とは'ふるい'とか'濾紙'を意味する。実際にはいくつかのスパム・フィルタが作られ使用されているが、その原理はさまざまあり詳しくは公開されていない。フィルタをすり抜けるための対抗策が考案されるおそれがあるからだろう。

しかし、ベイズ統計学は推論の原理にあるため、その適用からフィルタの基本的なしくみは試作できる。以下は、アイディアを述べたもので、実用されているものではない。さらに、推論さえできればいいというわけではない。推論対象はメール、サイト、ドメインなどの膨大なテキスト・データであって、推論システムへの入力データとしての調整はまた別の挑

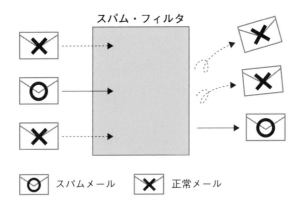

図2.1 スパム・フィルタ（イメージ）
正常メールだけが通過する。

戦、むしろより大きな課題になる。ここでは、仮の**特徴語彙**を設定し、もっぱらベイズの定理の応用例としてシンプルに考えていく。

さて、悪質な勧誘サイトのスパムでは、中立的な語彙でも悪性の意味で使用される確率が正常での本来的使用にくらべて高い。

　　——あなた様だけに破格のお試しのチャンスをご紹介申し上げます。お試しは無料で、期限以内であれば当方の送料負担で返品も可能です。ご購入いただける場合は、あなた様に限り、お値段の割引サービスをさせていただきます。どうか、格安の当社製品のご購入を是非ご検討ください——

この場合、ここで用いられているそれぞれの語彙自体は中立的で何の問題もない。もちろん、誠実で正しい宣伝活動の文であることも十分に可能である。ただし、それらの語がすべて揃い、しかも繰り返し出現しているときは、受け取る側の警戒心を高めることもまた経験上確かである。これらの経験を手がかりに正統的な理論に基づき、スパム識別（判定）のメカニズム（AIの一例ともいえる）を試作してみよう。

さっきはベイジーのおかげでスパムメールっぽいものを開けずにすんだよ

僕にも存在理由があるのはうれしい

人間は善悪がわかるし、第六感もある。犬はどうだろう

僕たちを番犬に使う人間もいるのだから、怪しいものへの感覚はあるよ

　まず、識別力の高い語彙（特徴語彙）リストを注意深く精選しておく（これはデータから深層学習などで抽出される）。正常、スパムのそれぞれにおいて、各語彙が出現する確率を求めてそれぞれ尤度 L_N, L_S とする。また、事前確率として、人一人が受け取るメール群の中の正常メールとスパムメールの割合が0.05と0.95だとする。あとはベイズの定理によって、スパムの事後確率は各語彙につき、それが出現した場合

$$\frac{0.05 L_S}{0.05 L_S + 0.95 L_N}$$

で計算される。この計算は L_N 対 L_S の比率 L_S/L_N で決まるから、これからはこの確率比を見ていこう。次に、同じくベイズの定理で、各語彙が出現しない場合は、出現しない確率をそれぞれ尤度 L_N, L_S に入れ替え確率比 L_N/L_S（あるいは L_S/L_N）を考えていく。

2.2.2 ▷ スパム度の計算

◇特徴語彙のスパムスコアを算出する

表2.1は、一定のメール集団における、特徴語彙の検出数と、正常・スパムそれぞれにおける出現確率をまとめたものである。たとえば、全語彙中で「無料」が出現する確率は正常では0.1％と小さく、出現しない確率は99.9％だが、スパムでは0.87％（出現しない確率は99.13％）と正常対スパムの比較で8.7倍も高い率になる。したがって、「無料」があらわれればスパムが疑われる可能性は高いといえる。

この観点から、各語におけるスパムである疑いの傾向を、あとで「スパムスコア」（点数）として足し算できるようにするため、ここで対数をとって$\log(8.705)=0.940$とする。スパムスコアはこの「無料」が最大になる。

一方、「無料」が出現しない確率にも着目してみよう。経済取引には価格がつくものであるから、正常ではまず出現すると考えるが、スパムでも

表2.1 特徴語彙の検出数とスパム度

| 特徴語 | 正常（Normal, N） | | | スパム（Spam, S） | | | 正常 vs スパム確率比 | |
| | 検出数 | 確率 | | 検出数 | 確率 | | ②÷① | ④÷③ |
		① 出現する	③ 出現しない		② 出現する	④ 出現しない	出現する	出現しない
無料	985	0.0010	0.9990	281	0.0087	0.9913	8.700	0.992
以内	3326	0.0034	0.9966	502	0.0155	0.9845	4.559	0.988
特別	3690	0.0037	0.9963	681	0.0210	0.9790	5.676	0.983
割引	6657	0.0067	0.9933	969	0.0299	0.9701	4.463	0.977
格安	7759	0.0079	0.9921	288	0.0089	0.9911	1.127	0.999
返品	878	0.0009	0.9991	233	0.0072	0.9928	8.000	0.994
破格	6466	0.0065	0.9935	1590	0.0491	0.9509	7.554	0.957
期間	7574	0.0077	0.9923	235	0.0073	0.9927	0.948	1.000
総検出数	37335	0.0378		4779	0.1477			
総語数	987439			32359				

表2.2 各語彙のスパムスコア

	無料	以内	特別	割引	格安	返品	破格	期間
出現する	0.940	0.659	0.754	0.650	0.052	0.903	0.878	-0.023
出現しない	-0.003	-0.005	-0.008	-0.010	0.000	-0.003	-0.019	0.000

出現しないとは限らない。今回の数値設定では、その確率にはほとんど違いはなく、「無料」の言葉が出現しないことはスパムでないことの証拠になったとしても、その程度は微弱である。このときのスパムスコアは $\log(0.992)＝-0.003$ である。これらのスコアは＋ならスパム、－なら正常の証拠であり、**表2.2** にまとめた。これで試作フィルタの中心となるデータができた。ここまではデータに基づくという意味で客観的部分である。

◇**事前確率を考慮する**

あとは、「スパム」、「正常」に対するベイズ統計学の事前確率の置き方の課題がある。前述したとおり、事前確率は、もともとはデータによらない要素であり比較的自由に決められる。ほんの一例だが、スパムの入ってくる率が 5％なら「スパム」0.05、「正常」0.95 とおくのもひとつのアイデアである。（事前確率の比 0.05/0.95 で、事前確率だけならスコアは大きくマイナスである）。

もっとも、これは確実にあやしいメールを対象とした場合の設定で、グレーゾーンも対象にするなら 0.5 対 0.5 で、事前スコアは 0 となるだろう。いずれにしてもまったく意のままに設定できるものではないので、事前知識も含めて慎重にすべきであろう。

◇**判定のしきい値を設定する**

最後の関門は、対象メールがスパムか正常かの判定の境界の閾値（しきい値）を設定することである。ここは信頼性に関わる大きな課題である。

いくつかのケースを想定してヒントを得よう。

一定の長さのテキスト（1,000字あたり）に対する特徴語彙の出現のあるなしから、スコアを加えて判定する。また、それを個人のメールボック

スのケースに落とすためには、前項で記した事前確率（例でいえば、対数をとって、事前確率は 1.279 というスコアになる）を引くのを忘れてはいけない。

[ケース I]　各語彙が 1 回ずつあらわれた場合
　総スコアは 4.812、事前スコアを引いて 4.812−1.279＝3.533 となる。

[ケース II]　「無料」以外はすべてあらわれた場合
　「以内」〜「期間」の出現スコアに「無料」の非出現をスコアを加え、かつ事前の調整を行なえば、(3.872−0.003)−1.279＝2.590 となる。

[ケース III]　スパムスコアが高い上位 3 ワード「無料」「返品」「破格」が非出現の場合
　総スコアは (0.659+⋯−0.023)−(0.003+0.003+0.019)＝2.066、事前調整を行なうと 2.066−1.279＝0.787 となる。

[ケース III] において、事前スコア調整前としては、全語彙出現 4.812 の半分に達しない。そのため、これ以上しきい値を下げることは妥当でないと考えれば、あくまで一例ではあるが**しきい値＝2** と設定してよいだろう。

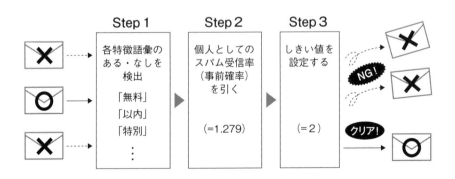

図2.2　スパム・フィルタ（一例）
今回試作した条件を図式化している。

このように、本質的には、ベイズの定理を用いれば、テキスト検索による語彙（vocabulary）の出現頻度に基づくスパム判定を行なうことができる（**図2.2**）。述した「ナイーブベイズ判別器」は以前より考案されてきたものである。ただし、スパム・フィルタの初期より実用に供されたかは明らかでない。

2.2.3 ▶ 復習：スパムの正判定率──TP, TN 対 FP, FN

スパム判定はベイズ統計学の応用の一例にすぎない。「ベイズの定理」応用例は各分野にわたって事実上無限だが、単純な一定理からこれだけの実用に直結する内容が生まれることは（生活に近い分野であっても）めずらしい。一般的な復習しておこう。「これはスパムである」という判定を＋、「これは正常である」という判定を－とする。＋は「陽性」（positive）、－は「陰性」（negative）である。次の4通りの結果がある（**表2.3**）。

表2.3 判定結果の組み合わせ：スパムメール

	スパム	正常
スパムと判定（＋）	真陽性（TP）	偽陽性（FP）
正常と判定（－）	偽陰性（FN）	真陰性（TN）

True（トゥルー），False（フォールス）はそれぞれ「真の」，「誤りの、偽の」の意であり、略号として

$$TP＝True\ Positive, \quad FP＝False\ Positive$$
$$TN＝True\ Negative, \quad FN＝False\ Negative$$

を意味する。T の割合が高く F の割合が低いことが望ましいが、いずれの場合もそれぞれ 2 通りあり、その和を考える。スパム判定のしきい値もこの原理から決定される。一例として次の**表 2.4** の値を用いてみよう。

表2.4 スパム判定における結果の一例

	スパム	正常	
スパムと判定（＋）	380	12	392
正常と判定 （－）	18	175	193
	398	187	585

この場合の正判定率は、**表 2.4** の網かけ部分に着目して 555/585 ＝0.949（94.9%）となる。

この考え方は思いのほか広い範囲で成り立つ。次の例でも扱ってみよう。

2.3 臨床検査 'マーカー' の信頼性 ——ベイズの定理・応用例 2

2.3.1 検査の陽性・陰性の意味を知る

ベイズの定理と本質を同じくするものとして、疾患の有無の臨床検査が挙げられる（というよりは、これが元来の起源である）。多くの人が、人間ドックの所見やがん検診の検査結果に一喜一憂することは、人情としてよくわかる。だが、検査結果（＋、－）は絶対的に正しいわけではない（ただし一定程度は正しい）。たとえば

前立腺腫瘍マーカー PSA の値が境界値（カットオフ値）を越えた

ことは必ずしも前立腺がんを意味しない。検査の陽性は '偽陽性 FP' かも知れず、ただ本人にとって真陽性 TP の確率が強い関心の対象になる。こういった知識は一般的には知られているが、十分浸透しているとはいえない。

なんでも、お父さん腫瘍マーカーが高かったんだって

どうりで、シンとして静かだったんだ

でも結局なんでもなかったんだよ

それならホントの静けさだったんだ

腫瘍マーカーの事例はちょうど、**2.2** で扱ったスパムメールの事例における「スパム」、「正常」を「検査陽性（＋）」、「検査陰性（－）」に相当するとして考えることができる。**表 2.3** の設定をそのまま引き継ぐと、**表 2.5** のように表わすことができる。¬ は論理否定（negation、～ではないの意）である。

表2.5　判定結果の組み合わせ：腫瘍マーカー

	疾患あり（D）	疾患なし（¬D）
検査陽性（＋）	真陽性（TP）	偽陽性（FP）
検査陰性（－）	偽陰性（FN）	真陰性（TN）

データのしくみも同じく「ベイズの定理」で説明できる。実際、

① 検査陽性（＋）のとき：原因が疾患あり（D）あるいは疾患なし（¬D）である事後確率

またこれとまったく並行的に、

② 検査陰性（－）のとき：原因が疾患あり（D）あるいは疾患なし（¬D）であるそれぞれの事後確率

の計算は、**2.2** のスパムメールの判定と同じように、必要なデータや仮定さえあれば、そのままベイズの定理の課題となる。そしてそれは臨床検査の信頼性評価の手順そのものにあたる。

　ベイズの定理とは別に従来より臨床検査には独特の言い方がある。＋－の確率でも

　　$P(+|D)$：D 中の＋(真陽性 TP)の比率　　⇒　真陽性率あるいは感度
　　　　　　　　　　　　　　　　　　　　　　　　　　　（sensitivity）

　　$P(+|\neg D)$：¬D 中の＋(偽陽性 FP)の比率　⇒　偽陽性率

の 2 通りあり、検査側として感度の低い検査法は採用しない。また

　　$P(-|\neg D)$：¬D 中の－(真陰性 TN)の比率　⇒　特異度（specificity）

も重要である。その疾患だけに反応する比率、つまりその疾患でなければ－を出すべきで、specific（スペシフィック、特異）は、「特定の」「指定された」「限った」を意味する。これを s と表わす。以上は医療統計学では周知だが、確率論のベイズの定理では尤度になる。

　しかし、検査結果の＋－を受けるのはあくまで受診側であるため、今回の検査でもっとも気がかりなのは

　　　　事後確率　$P(D|+)$：＋中の D(真陽性 TP)の確率

にほかならず

　　　検査結果（＋）は自分がその疾患であることの十分な証拠か

ということである。

42

2.3.2 ＋中の TP の確率の計算例と重要注意

感度 ＝80％, 特異度 ＝95％である検査では、事前確率 ＝0.5 のとき

$$P(D\,|+) = \frac{0.5 \cdot 0.8}{0.5 \cdot 0.8 + 0.5 \cdot 0.05} = 0.941$$

となり、かなり信頼できる証拠になる。これを「有病正診率」という。当然特異度、感度の関数となる。

ただし、当然のことながら、ある受診者に対してこのベイズの定理を使用して得る結果は、受診した医療機関がどのような検査法を採用しているかに左右される（PSA であれば15通りの検査法があるとされている。三橋知明ほか編『臨床検査ガイド』より）。さらに検査法以外に、事前確率にも強く左右される（図 2.3）。たとえば、どのような受診者が来院しているか、有病率はどのくらいか、検査科が外来か入院かなどにも依存するだろう。したがって、異なった医療機関（つまり、受診者集団）の間でのデータを単純に合算したり比較したりすることはできない。ベイズの定理の適用に

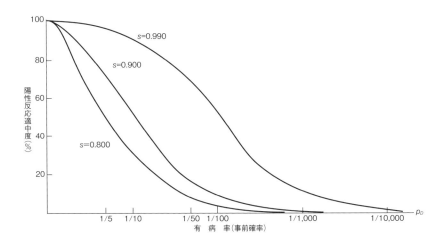

図2.3 施設ごとの事前確率による有病正診率の変化
特異度＝感度としてある。
［参考：松原望『入門ベイズ統計』第 8 章、同『意思決定の基礎』第 2 章。内容はほぼ同一］

も、細心の注意が必要で、単に数学的関心から論ずることは禁物である。

　このことは、AI を構成する際、その用いられ方を意識することの重要性につながる。社会的にも大きな課題となろう。その意味で腫瘍マーカーの診断論理を学ぶことは、大きな意味をもつものである。

One point

感度と特異度

　スクリーニング検査（一定の集団に一定の手順で行ない、有病者を発見するための検査）の有用性を評価する指標として「感度」と「特異度」の2つがある。本文の定義を用いると、

　感度は、ある疾患にかかっている人（D）のうち検査でも陽性が出た人の割合（TP の割合）、

　特異度は、ある疾患にかかっていない人（¬D）のうち検査でも陰性が出た人の割合（TN）

を表わす。

　一般的には、感度が高い検査は除外診断に有用であり、特異度が高いと確定診断に有用である。どちらも 100％であれば信頼性バツグンだが、実際にはそうはいかないため、常に、FP, FN の可能性を考えなくてはいけない。さらに、これらの値は、受診者の母集団における疾患頻度により、その数値の精度が左右されるため、最終的な判断には、大母集団が必要となる。

第 3 章

ベイズ判別による パターン認識

"いずれアヤメかカキツバタ"

ベイズ判別によるパターン認識
——"いずれアヤメかカキツバタ"

3.1 アイリスのフィーチャー（容貌）

　何事においても、無頓着な人はいて、「花などは咲いていれば何でもいい」などいいかねない。一方、栽培をしている人にとっては、どの花も似ているようで違う、愛着の深いものとなる。

　さて、似ている・似ていないという話があがるように、花には花の形態として'容貌'がある。人間に容貌があるのと同じだ。容貌とは特徴でもあり、英語では'フィーチャー'（feature）という言葉がそれにあたる。最近の深層学習でもよく使われる用語である。'なんでも深層学習'という時代だが、まずは深層でないところから始めないと、足元がふらつくだ

One point

アイリス・データセット

　統計学、とくに機械学習の領域で大変有名なデータセットである。統計学者フィッシャー（R. A. Fisher, 1890-1962）の名前とともに知られていることが多い。

　'フィッシャーのアイリス・データ'とはいうが、アイリス種の測定データ自体は、植物学者アンダーソン（E. S. Anderson, 1897-1969）が調査したものである。3種の内2種はカナダのガスペ半島の牧場で採取され、すべて同一の日時、測定法、測定者による調査となっている。統計学としては1世紀前に調査されたこのデータが使いやすく、いまも脈々と受け継がれているが、先端的には研究の様相は一変し、現在は各種ともきわめて綿密にバイオインフォマティクスの研究がなされている。著者も苦労してデータを入手した。

隣の家の花壇って、けっこうきれいだね

嗅覚なら僕にお任せください

まず、見た目だろうね。知識が要るよ。君、わかる？

たしかに形については僕も自信がないな……人間と同じかな

ろう。植物でも'元ありて末あり'である。もっとものの見分けをつけるのに、「愛着をもって長年丹念に接し続ける」というのだけが解ではない。それでは心をもたないAIはいつまでたっても似た何かを見分けることができないだろう。では、AIは何をもって、この世のあいまいなデータを判別できるのか。とにかく、AIは数理判別から始まる。

その解のひとつが「**パターン認識**」というものである。この章ではまず、統計学で有名な「アイリス」の例を用いて、ベイズ判別とパターン認識のしくみを紹介する。

3.1.1 ▶「フィッシャーのアイリス・データセット」から始める

「アイリス」は、地中海産の花で、英語ではIrisと表記される。日本では似た花に、「菖蒲（あやめ）」、日本古来の文学作品である『伊勢物語』にも登場する「かきつばた」、さらには「花菖蒲（はなしょうぶ）」もある、といえば大体の形が想像できるだろうか。ただ、これらは素人目にはどれがどう違うのか、なかなか見分けのつくものではない。ましてや、同じアイリスの中の種別であれば、図鑑を片手にひいても、難しいだろう（**図3.1**）。さきほどの、'花の容貌'の話でいくと、アイリスのフィーチャーは

1．バージニカ　　　　2．ベルシカラー　　　　3．セトーサ

図3.1 3種のアイリス

1．バージニカ
[© Flickr upload bot, 2010、https://commons.wikimedia.org/wiki/File:Iris_virginica.jpg（2018年3月時点）]
2．ベルシカラー
[© Danielle Langlois, 2005、https://commons.wikimedia.org/wiki/File:Iris_versicolor_3.jpg（2018年3月時点）]
3．セトーサ
[© Radomil, 2005、https://commons.wikimedia.org/wiki/File:Kosaciec_szczecinkowaty_Iris_setosa.jpg（2018年3月時点）]

x_1　　がく片の長さ
x_2　　がく片の幅
x_3　　花弁の長さ
x_4　　花弁の幅

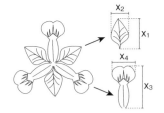

の4つの判断基準で、その細かい品種が判別できると考えてよい。

　ここに、20世紀のはじめ、偉大な統計学者フィッシャーが統計分析の対象とし、3種のアイリス

　　　　1．バージニカ virginica 　　（50）
　　　　2．ベルシカラー versicolor　（50）
　　　　3．セトーサ setosa　　　　　（50）

について上記4つの測定データ「フィッシャーのアイリス・データセッ

ト（Fisher's Iris data set）」がある。種名の後にある（　）の中の数値
は、それぞれの種について集められた「例」（instance）の数で、ここで
は1本を1例ということにする（「例」は example でないことに注意。
Instance は機械学習での用語で、実例、ケースの意）。

3.1.2 ▷ データセットを行列化し、分布を把握する

「フィッシャーのアイリス・データセット」の内容について、いま一度
整理しよう。データは 50×3＝150 通りの例に対し、それぞれ4つの特
徴的なフィーチャーの測定データがある。統計学の言い方では、150 ケー
スありそれぞれ4変量、つまり '4次元' の測定（x_1, x_2, x_3, x_4）から成り
立っている、となる。したがって、このデータは 150×4 の行列（マト
リックス）で表わすことができる（**表3.1**）。フィーチャーが4次元であ
るため、図に表わすことはできない。よって、もっぱら計算に頼ることに
なる。

考え方としては、3種それぞれの、4つのフィーチャーの平均（中央値

表3.1 アイリス・データセットの行列（マトリックス）(抜粋)

	品種	がく片長 x_1	がく片幅 x_2	花弁長 x_3	花弁幅 x_4
1	virginica	6.3	3.3	6.0	2.5
2	virginica	5.8	2.7	5.1	1.9
3	virginica	7.1	3.0	5.9	2.1
⋮			⋮		
50	virginica	5.9	3.0	5.1	1.8
51	versicolor	7.0	3.2	4.7	1.4
52	versicolor	6.4	3.2	4.5	1.5
53	versicolor	6.9	3.1	4.9	1.5
⋮			⋮		
100	versicolor	5.7	2.8	4.1	1.3
101	setosa	5.1	3.5	1.4	0.2
102	setosa	4.9	3.0	1.4	0.2
103	setosa	4.7	3.2	1.3	0.2
⋮			⋮		
150	setosa	5.0	3.3	1.4	0.2

はどこか）、分散（どれぐらいの散らばりがあるのか、標準偏差）、相関関係（値の傾向はあるのか）の3点に着目して、それぞれ算出する（**表 3.2-4**、**図 3.2**）。これが、ベイズ判別に用いるおおもとのデータになる。

　その後、新たに種別を判別したい1本の花があったとき、4つのフィーチャーの値を、さきほど算出したデータセットに照らし合わせることによって、3種のうちのどれであるかが、確率として算出できる、というしくみだ（詳しい計算式は4次元正規分布に基づいて行なわれるが、やや高度であるため本書では省略する）。

　相関関係の図は $(4 \times 3)/2＝6$ 通りあり（x, y軸の品種を入れ替えただけで、内容としては同じものがあるため**図 3.2**では12通りの図になっている）、おおむね正の相関関係を見ることができる。

3.1.3 ▷ データを x, y に整理する──**教師付き学習用データへ**

　これまでは、データセット全体の分析を進めてきた。このデータをベイズ判別に用いるためには、さらに一手間、3種のデータを分けて、整理しておく必要がある。

　前述したように、アイリスのデータセットは150通りあり、フィーチャー（x_1, x_2, x_3, x_4）をまとめて X と表わすことにする。したがって、X は $X_1, X_2, \cdots, X_{150}$ の150通りある。また、それぞれの種には

$$1（バージニカ）, 2（ベルシカラー）, 3（セトーサ）$$

の番号をつけてあった。この「種」の番号を y とすると、y＝1, 2, 3 のいずれかとなる。

　このように複雑なデータであっても、x、y を設定することによって、2次元の平坦なベクトルで見つめ直すことができる。よってデータのマトリックスは

$$(y_1, X_1) \quad (y_2, X_2) \quad \cdots \quad (y_{150}, X_{150})$$

表3.2 アイリスのフィーチャーの平均

（単位 cm）

| | がく片 | | 花弁 | |
	長さ	幅	長さ	幅
1. バージニカ	6.588	2.974	5.552	2.026
2. ベルシカラー	5.936	2.770	4.260	1.326
3. セトーサ	5.006	3.428	1.462	0.246

表3.3 アイリスのフィーチャーの分散

（単位 cm）

| | がく片 | | 花弁 | |
	長さ	幅	長さ	幅
1. バージニカ	0.636	0.332	0.552	0.275
2. ベルシカラー	0.516	0.314	0.470	0.198
3. セトーサ	0.352	0.379	0.174	0.105

表3.4 アイリスのフィーチャーの共分散行列*

| | がく片 | | 花弁 | |
	長さ	幅	長さ	幅
がく片 長さ	0.2650	0.0927	0.1675	0.0384
幅		0.1154	0.0552	0.0327
花弁 長さ			0.1852	0.0427
幅				0.0416

（SPSS）

＊3つの種にわたって分散と共分散（あるいは相関係数）がそれぞれすべて等しいとみなす。

を縦に並べた形になるわけだが、150通りの $X_1, X_2, \cdots, X_{150}$ を代表的に一文字（太字）$\mathbf{X}$ で表わすと約束すれば

$$(\mathbf{y}, \mathbf{X}),\ \mathbf{X} = (X_1, X_2, \cdots, X_{150})'$$

となる。′は縦に並べることを意味する。$\mathbf{y}$ も $y_1, \cdots, y_{150}$ を縦に並べる。

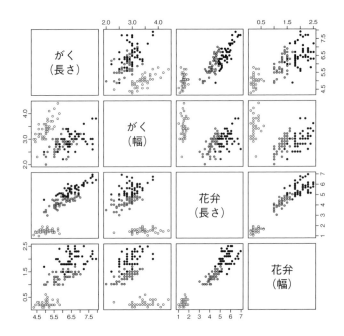

図3.2 アイリスのフィーチャーの散布図
●：バージニカ、◐：ベルシカラー、○：セトーサ
花弁では長さと幅の相関が強い（右下）。がくではそうではないが、種ごとにはそれがいえる。
[©Nicoguaro, 2016、https://commons.wikimedia.org/wiki/File:Iris_dataset_scatterplot.svg）
（2018年3月時点）]

3.2 アイリスのデータセット＋ベイズ判別

3.2.1 種を言い当てる＝最大事後確率に決定する

さて、新たにどの種かわからないアイリスがあり、そのフィーチャー X から、どの種であるか（y＝1, 2, 3）を決めるものとする。

つまり、X からターゲット y を

$$X \rightarrow y \quad \text{（教師付き学習）}$$

のように決める方法を考える。分析が y を目指して行なわれるため、現代風には深層学習でいう「**教師付き学習**」（supervised learning）にあたる考え方である。ただし、ここでは深層学習を持ち出すほどもない。

具体的に、X→yの道筋を考えていこう。判別のしくみはもちろんベイズの定理による。フィーチャーXは3種のうちのどれかから生じているから、その「原因」と「結果」は次の図3.3のように表わすことができる。ベイズの定理によって、y=1, 2, 3の事前確率を w_1, w_2, w_3、また各y=1, 2, 3の尤度を L_1, L_2, L_3 とする。厳密には、これらはXの関数であるため、$L_1(X), L_2(X), L_3(X)$ と表わした方がなおよい。

したがって、y=1, 2, 3の事後確率は、それぞれ

$$w_1 L_1(X), \quad w_2 L_2(X), \quad w_3 L_3(X)$$

を、これらの和 $w_1 L_1(X) + w_2 L_2(X) + w_3 L_3(X)$ で割って求められる。ただし、このあと、3種のいずれにあたるかを確率で比較することだけを考えるなら、分母は共通であるため省略することができる（事後確率のためには分母は必要）。したがって、3通りの事後確率の最大は

$$\mathrm{Max}\{w_1 L_1(X), w_2 L_2(X), w_3 L_3(X)\}$$

と表わすことができ、これが、このフィーチャーから推量される種となる[記号Max(　)は、(　)の中の候補のうち最大を選ぶことを示す]。

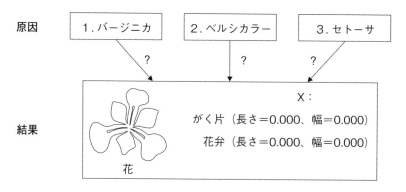

図3.3 アイリスの「原因」と「結果」
どの種から来ていたか？

わかりやすい例として、どの種かまったく見当もつかないとして、$w_1＝w_2＝w_3＝1/3$ であった場合を考える。この場合、w の値は共通となり、確率を考える上では省略できるため

$$\mathrm{Max}\{L_1(X), L_2(X), L_3(X)\}$$

のみを考えればよいことになる。したがって、2 通りの不等式で

$$L_1(X)≧L_2(X),\quad L_1(X)≧L_3(X)\ \Rightarrow\ バージニカ（1）$$

というように、L_1 の確率が、他の 2 つよりも高い場合は、不明な花 X は 1 のバージニカに属する、と決定することができる。

3.2.2 ▷ 1 次元、2 次元から理解する

では、実際にはどう処理していくのだろうか。前述したように '4 次元' では視覚的にも思考的にも扱いづらいため、まず 1 次元から考えてみよう。条件を簡便にするために、フィーチャーは x_1（がく片の長さ）だけの場合とし、各 L は（生物学データのよくある傾向として）正規分布を描くと仮定して、**表 3.5** を使う。

これを用いて L のグラフ（曲線）を書くと、**図 3.4** のようになる。がく

One point

行列

　数を縦、横に並べ、正方形あるいは長方形状にした表示法を「行列」（matrix）という（数の欠けた位置があってはならない）。「数」とは数字あるいは代数文字である。縦一行あるいは横一列のものは「ベクトル」（vector）といわれていることはよく知られている。ただ 1 個の数字の場合は例外だが重要で「スカラー」（scalar）という。行列、ベクトル、スカラーのいずれもそう表記した目的、用法があるから、それがそれらの意味である。

片の長さ x_1 方向に 3 つの '山' がそれぞれ上下に重なり合ってわかりづらいが、どの L である確率がもっとも大きいかは、どのグラフの山がもっとも上に出ているか、で決定することができる。3 通りのグラフ曲線のうちでどれが最大になるかで、3 通りの x_1 の**不等式範囲（区間）**ができ、2 つの境界が生じることはわかるであろう。もちろん 2 番目、3 番目に大きい山も、X の原因として可能性がないとは言い切れず、小さな確率は残っているということになる。

1 次元だけのフィーチャーでは特殊なので、x_2 も入れて 2 次元まで上げてみよう。実際の '山' の例として、富士山を南から見ただけでは、1 次元の東西方向の広がりしかわからず、奥行きも含めて全貌を捉えたとはいいがたい。奥行きもあり、東から見ることも必要で、これで 2 次元となる。4 つのフィーチャーのうち 2 つを選択し

$$x_1 = がく片の長さ、x_2 = がく片の幅$$

表3.5　フィーチャー x_1 における 3 種の平均値

（単位 cm）

	バージニカ	ベルシカラー	セトーサ
平均	6.588	5.936	5.006

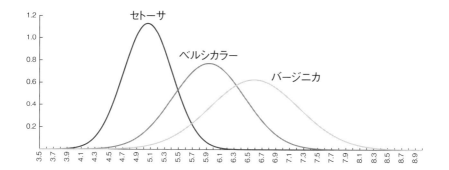

図3.4　アイリスのがく片の長さ x_1 による 1 次元判別図式

とする。**表 3.5** と同じように、**表 3.2** から必要データを抽出してグラフ化すると、2 次元正規分布の山が 3 通り生じる。2 次元の図は立体図になり、数式も難しくなるので、一般に 2 次元正規分布の様子を**図 3.5** に示しておく。このような'山'が 3 通り生じることになる。

　3 つの山は今回も相互に下側へ貫入するが、やはり L_1, L_2, L_3 のうちどれが一番高いピークを示すかで、X を判別することができる。同じように考え、変数 X を逆に追っていくと、3 通りの種それぞれの判別領域ができていく（ただし、**3.2.3** を参照）。実際、3 通りの L（X）に対して成り立つ 2 通りの不等式から、2 通りの 2 変数 1 次関数が出て、これで 1（バージニカ）と判別すべき領域が決まる（2 変数 1 次関数が領域を決めることは高校数学の範囲である）。これをベイズ線形判別関数という。

　したがって、2 つの線形判別関数が定まる。種は 3 通りあるから計 6 通りの線形判別関数が出そうだが、2 通りずつ重なるので実際は 3 通りだけ定まる。実はさらに 2 通りでよい。

　さらに、今回のアイリスのデータでは、4 変量であるため、本来であれば 4 次元正規分布を用いなければならないが、これはまったく図示することができない。ただ、考え方としては前述した 1 次元、2 次元と同じである。したがって

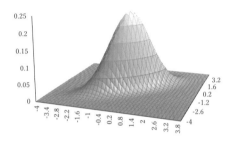

図3.5　相関のある 2 次元正規分布の例
（Excel のフリーアドイン NtRand Ver 3.3.0 の関数 NTBINORMDIST を用いて作成）

$$L_1(X), \quad L_2(X), \quad L_3(X)$$

のうちどれが最大か（3 通りの場合がある）を計算で決定し、花 X が 1
（バージニカ）、2（ベルシカラー）、3（セトーサ）のどの種に該当するか
を決定する。該当しない他の 2 種についても事後確率は（小さいながら
も）0 ではないので、該当・非該当の確かさまでわかる。

　今回のアイリスのデータでは、人であれば、ぱっと**表 3.2** の平均値を見
て、「なるほど、セトーサは他の 2 種に比べて、花弁が極端に小ぶりで、
花全体も小さめなのだな。そして、バージニカよりはベルシカラーの方
が、花が一回り小さく、花弁が細めなのかな」と直感的に分析することが
やっとだろう。しかし、こうして判別図式を立てることで、より的確に分
析することができる。

　人に習って、さらに '人以上に' できるのだから、これも AI の原型と
いえるだろう。本書はいま人気の機械学習、深層学習だけでなく（むし
ろ、それ以前の）統計理論で AI に用いられている理論も AI に含めるこ
とで、学習の体力、基礎力、そして自信を高めるアプローチをとってい
る。

　一例として、バージニカ 50 例のデータについて、今回の判別方式で検
討した際に決まった先（該当先）、また **3.2.1** に従い、3 種各々に該当す
る事後確率を**表 3.5** に示しておこう。

表3.5 バージニカ（50例）の判別結果

	品種	がく片長 x_1	がく片幅 x_2	花弁長 x_3	花弁幅 x_4	判別 virgin	versi	setosa	判別結果
1	virginica	6.3	3.3	6.0	2.5	0.915	0.068	0.017	virgin
2	virginica	5.8	2.7	5.1	1.9	0.536	0.421	0.043	virgin
3	virginica	7.1	3.0	5.9	2.1	0.682	0.282	0.035	virgin
4	virginica	6.3	2.9	5.6	1.8	0.476	0.487	0.037	virgin×
5	virginica	6.5	3.0	5.8	2.2	0.756	0.215	0.029	virgin
6	virginica	7.6	3.0	6.6	2.1	0.589	0.389	0.021	virgin
7	virginica	4.9	2.5	4.5	1.7	0.394	0.557	0.049	virgin×
8	virginica	7.3	2.9	6.3	1.8	0.370	0.605	0.024	virgin×
9	virginica	6.7	2.5	5.8	1.8	0.281	0.698	0.021	virgin×
10	virginica	7.2	3.6	6.1	2.5	0.935	0.042	0.023	virgin
11	virginica	6.5	3.2	5.1	2.0	0.759	0.172	0.070	virgin
12	virginica	6.4	2.7	5.3	1.9	0.504	0.453	0.043	virgin
13	virginica	6.8	3.0	5.5	2.1	0.725	0.230	0.046	virgin
14	virginica	5.7	2.5	5.0	2.0	0.539	0.424	0.038	virgin
15	virginica	5.8	2.8	5.1	2.4	0.850	0.119	0.030	virgin
16	virginica	6.4	3.2	5.3	2.3	0.870	0.090	0.040	virgin
17	virginica	6.5	3.0	5.5	1.8	0.530	0.421	0.049	virgin
18	virginica	7.7	3.8	6.7	2.2	0.872	0.101	0.027	virgin
19	virginica	7.7	2.6	6.9	2.3	0.513	0.476	0.011	virgin
20	virginica	6.0	2.2	5.0	1.5	0.132	0.845	0.023	virgin×
21	virginica	6.9	3.2	5.7	2.3	0.851	0.115	0.035	virgin
22	virginica	5.6	2.8	4.9	2.0	0.670	0.281	0.050	virgin
23	virginica	7.7	2.8	6.7	2.0	0.410	0.573	0.016	virgin×
24	virginica	6.3	2.7	4.9	1.8	0.484	0.452	0.064	virgin
25	virginica	6.7	3.3	5.7	2.1	0.794	0.164	0.042	virgin
26	virginica	7.2	3.2	6.0	1.8	0.542	0.413	0.045	virgin
27	virginica	6.2	2.8	4.8	1.8	0.537	0.389	0.075	virgin
28	virginica	6.1	3.0	4.9	1.8	0.603	0.321	0.076	virgin
29	virginica	6.4	2.8	5.6	2.1	0.649	0.319	0.032	virgin
30	virginica	7.2	3.0	5.8	1.6	0.342	0.613	0.045	virgin×
31	virginica	7.4	2.8	6.1	1.9	0.428	0.544	0.029	virgin×
32	virginica	7.9	3.8	6.4	2.0	0.810	0.142	0.048	virgin
33	virginica	6.4	2.8	5.6	2.2	0.712	0.258	0.030	virgin
34	virginica	6.3	2.8	5.1	1.5	0.294	0.652	0.055	virgin
35	virginica	6.1	2.6	5.6	1.4	0.138	0.843	0.019	virgin×
36	virginica	7.7	3.0	6.1	2.3	0.771	0.198	0.031	virgin
37	virginica	6.3	3.4	5.6	2.4	0.914	0.058	0.028	virgin
38	virginica	6.4	3.1	5.5	1.8	0.572	0.377	0.051	virgin
39	virginica	6.0	3.0	4.8	1.8	0.614	0.305	0.081	virgin
40	virginica	6.9	3.1	5.4	2.1	0.759	0.187	0.054	virgin
41	virginica	6.7	3.1	5.6	2.4	0.872	0.098	0.030	virgin
42	virginica	6.9	3.1	5.1	2.3	0.852	0.093	0.055	virgin
43	virginica	5.8	2.7	5.1	1.9	0.536	0.421	0.043	virgin
44	virginica	6.8	3.2	5.9	2.3	0.842	0.130	0.028	virgin
45	virginica	6.7	3.3	5.7	2.5	0.919	0.056	0.025	virgin
46	virginica	6.7	3.0	5.2	2.3	0.836	0.118	0.046	virgin
47	virginica	6.3	2.5	5.0	1.9	0.460	0.493	0.047	virgin×
48	virginica	6.5	3.0	5.2	2.0	0.696	0.245	0.058	virgin
49	virginica	6.2	3.4	5.4	2.3	0.896	0.068	0.036	virgin
50	virginica	5.9	3.0	5.1	1.8	0.586	0.356	0.059	virgin

0.915 以下、50 通り中 40 通りでバージニカ（virginica）が確率最大。

3.2.3 ▷ ベイズ判別領域に単純化してハンディに視覚化

　微小な事後確率を考慮することは、正確性を求める上では大変重要であるが、往々にして、謎（結果）に対してはたった1つの答え（原因）を示してほしい、と思うことが常である。そこでもし、アイリスの例で、3種各々の事後確率には着目せず、同じことだが花Xの判別先さえわかればよい、というのであれば、実は、4つのフィーチャー$X = (x_1, x_2, x_3, x_4)$の値によって簡単に表わすことができる。

　ベイズ統計学による線形判別関数を用いると、3次元以上の多変量正規分布では、その判別を（超）平面で表わすことができる。今回は、3種を区別するため、その平面の領域は当然3箇所に分かれるが、実は、その境目の関数は2通りだけでよい。計算式は、行列を用いるが、それでも大変ややこしいので、道筋と結果だけを述べる。

　アイリスのデータセットの値から、フィーチャー$X = (x_1, x_2, x_3, x_4)$にそれぞれ、平均ベクトルと分散・共分散行列という処理を用いて算出した数値（ウエイト）を用意する。その数値を用いた点数方式の関数Wとして

One point

アイリスよりも

日本では古くから 'かきつばた' が知られる。武蔵・下総の国境で詠まれた

　　からころもきつつなれにしつましあれば
　　はるばるきぬるたびをしぞおもう
　　　　　　　　　　　　　　　　　（在原業平）

は有名。「き」は「着」と「来」、「つま」は「褄」と「妻」、「はる」は「張る」と「遥」をかけている。

$$W_{12} = -3.2456\,x_1 - 3.3907\,x_2 + 7.5530\,x_3 + 14.6358\,x_4 - 31.5226$$
$$W_{13} = -11.0759\,x_1 - 19.916\,x_2 + 29.1874\,x_3 + 38.4608\,x_4 - 18.0933$$

さらに

$$W_{23} = W_{13} - W_{12}$$

と設定する。

W_{12}, W_{13}, W_{23} に独特の意味はなく、組み合わせとして

① $W_{12} > 0$ かつ $W_{13} > 0$ ⇒ バージニカ
② $W_{12} < 0$ かつ $W_{23} > 0$ ⇒ ベルシカラー
③ $W_{13} < 0$ かつ $W_{23} < 0$ ⇒ セトーサ

というルールが導かれる。これで、花 X の 4 つのフィーチャーの値さえわかれば、上の 3 式に当てはめて自動的に判別の先（該当先）を決定することができ便利である。また、これらは、**図3.6** のような平面図で可視的に表わすこともできる。

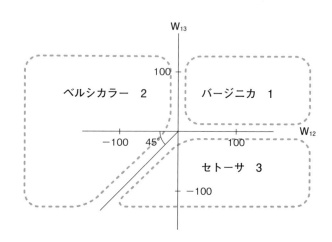

図3.6 アイリスの2次元判別図式

3.3 素朴な多変量解析と線形判別関数

　ベイズ統計学による判別は確率論理による妥当なやり方であるが、別の手法として従来から発展してきた**多変量解析**の方法もある。それを紹介する。ベイズ統計学とは別個なのでとばしてもよいが、それでも用いられることは少なくない。これはむしろ単純で、今回も4変量に適切にウエイトを付けたスコアLにし、それが**図3.7**のように、おおむね分離した'かたまり'になり、なおかつ、あまり互いに混じらないように傾向付ける方法である。ここでは詳しく述べないが、ウエイトという言葉でわかるように、3.2.2と同様、平均ベクトルと分散・共分散行列、そしてこの場合の線形判別関数Lを用いて計算していく（ベイズ的方法とはまったく別個）。

　今回の場合は、スコアLに対して比

$$\lambda = \frac{Lの3種にまたがる散らばり}{Lの各種の固まりの中での散らばり}$$

がなるべく大きくなるようなウエイトを算出する。λを最大にするのだが、最大値のほかに第2、第3…の最大（極大）が'八ヶ岳'状に出てくる。それごとにウエイトが異なって、LにL_1, L_2, …と何通りも求められる。八ヶ岳もすべてを考えるのが正解だが、L_1, L_2だけを考慮するのが通常で、したがって（L_1, L_2）の組で2次元で視覚化すると、多くの場合、クリアに3グループに分かれる。結果としては、**図3.8**のようなチャートができる。一応成功している。

　この手法は、煩雑なデータ群の分析を数学的な固有値問題に置き換える

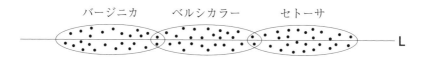

図3.7　アイリスの多変量解析

ことができ、うまく解けるので、広く用いられている標準的方法である。代表的な活用例としては、プログラミング言語であるSAS, SPSSなどに装備されている。ただし、多くのチャート（図）を見て判断しなければならず、必ずしも今日的ニーズに応じられないとも感じられる。また、考え方がオペレーショナル（操作的）で、素朴で'哲学がない'との評もある。よく用いられる反面、新鮮さはもはやない。

なお、これがさらに高次元化して、判別理論の範囲を超えたものが、AI（深層学習）による「顔認識」である。顔の写真を$50×50＝2500$個の黒白明度のドットにメッシュ分解すれば、原理は同一であるが、現実の

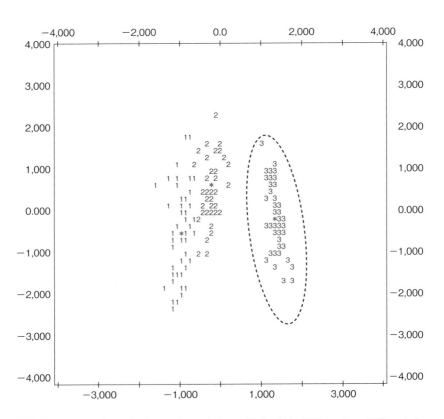

図3.8 2つの判別関数を用いたアイリスの散らばり（横軸＝L_1, 縦軸＝L_2）
1：バージニカ、2：ベルシカラー、3：セトーサ。

計算上では 2500 次元は問題外となろう。詳細は第 9 章（ニューラル・ネットワークの項）にて触れるが、その意味で、植物種（ここではアイリス）の'容貌'の判別は、ベイズ統計学が AI へ発展する出発点である。

— One point —

SPSS、SAS

ともに統計分析の出来合いのソフトの集まり（パッケージ）で、プログラムの必要なく、データ入力だけで分析ができる統計分析の決定版。統計分析を飛躍的に躍進させた時代的エース。今日では誰にとっても必須のツール。かつてはメインフレーム用だった。いまではパソコン向き。ただし、その威力からも有償である。

SPSS は Statistical Package for Social Sciences で、記録学、統計科学、医学・疫学向き。

SAS は Statistical Analysis System で、より理論的には高度。理論家向き。さらにはハードな経済分析向きである。買い上げあるいはレンタルで個人にとっては安くない。本格的研究プロジェクト、学位論文には必要となろう。

第3章　ベイズ判別によるパターン認識── 〝いずれアヤメかカキツバタ〟

Memo

第3章　ベイズ判別によるパターン認識——〝いずれアヤメかカキツバタ〟

第 4 章

ベイジアン・ネットワークの原理

「人間」にもっとも近い AI のすすめ

第4章

ベイジアン・ネットワークの原理
──「人間」にもっとも近いAIのすすめ

| 4.1 ▷「ベイジアン・ネットワーク」とは

　人の思考の世界には、自然科学や医学、経済学、政治学、ひいては歴史の中に見るごとく、事物、事柄、出来事の互いの関係がもっとも重要である。これは言うまでもない。これは大変深いものだが、これらを図で表わそうとすれば、そこに AI が始まる。実際、樹形図、フローチャート、相関関係図などのある種のつながりの思考図式がある。それぞれその用途や細かな形状は違うものの、人物や事柄が一つ一つの○の中にあって、それぞれが線で（ときには方向性をもった矢印の形で）つながれ、ときにはその線の横に補足事項や数値（専門用語でいう'ウエイト'）が書き加えられて、その相互関係の広がりを示すという共通点がある。

　ベイズ統計学の中にも、こうした図式思考がある。ことに、事象を起点として、その確率をウエイトとして配置し、ベイズの定理で原因と結果の関係を表現した図式であり、「**ベイジアン・ネットワーク**」（Bayesian network、以下ベイジアン・ネット）という。

　この場合のネットワークは、情報網、という意味合いよりも、'ウエイト付けグラフ'という意味合いも強い。このベイジアン・ネットは、ヒトの思考形式に類似しているということから、1980 年代より、さまざまな複雑な因果関係の推論を行なう AI（人工知能）モデルとして注目され、今日に至るまで広く研究と開発が続けられている。（日本では、BAYONET がある）。また、カーツワイルの「シンギュラリティ」解説にも挙げられている。

66

4.1.1 ▷ 因果関係とは

相互関係のうち、ことに「因果関係」(causality) と聞くと、思想的なものだろうかなどと深く考え、意外と親しめない言葉に感じるかもしれない。しかし統計学的にはいたって単純で（ただし、深く考えると簡単ではなく）

水を熱する（原因）　⇒　沸騰する（結果）

あるいは

木、木材（原因）　⇒　机（結果）

など、「原因」が元になって「結果」という出来事が起こるシンプルな関係を「因果関係」という。このように考えるとき、実は、「人」はどのようなものにも「因果関係」を観察し、それを探している存在であることがわかる。

たとえば古代の人々は、転変地異をひとえに神の怒りの結果と考えた。原因が当時の知識を超えるものである場合に、擬人化して納得させるのも

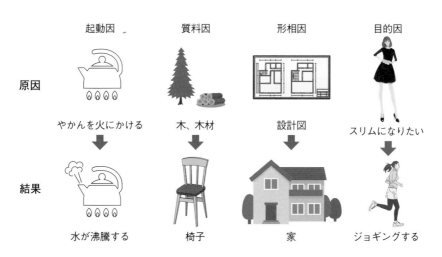

図4.1 「原因」と「結果」の因果関係（アリストテレスの「四原因説」）

ひとつの人の知恵である。また、古代ギリシアのアリストテレスははるか
に広い「原因」を定義していた。たとえば、父は子の「原因」、目的は行
動の「原因」（四原因説のひとつ）と考えられるという。このように、因
果思考と人は大変密接な関係にあり、因果関係は人間の思考の根本要素で
あり、「人間の条件」であるとさえいえる（**図4.1**）（動物が因果関係を認識
するかについては、知識が及ばず、また興味深く感じている課題であるが、少なく
とも因果関係を思考することができないケースでは、「本能」がその代わりの役割
を負っているのかもしれないと考えている）。

　ちなみに、いわゆる「ビッグデータ」の急進的導入を提唱する人々の中
に、「因果関係は要らない、相関関係だけでよい」といささか過激な議論
をする人もいる。そういう場合もあることは否定できないが、筆者はそれ
では往々にして思考が皮相的・刹那的に流れてしまい、効率も悪いと考え
る。ひいては、責任ある分析の主体としての自己否定まで行きかねない可
能性も感じる。ベイジアン・ネットは人間の思考の主体性を保持しつつ、
それにもっとも近い人工知能ということができる。もともと AI は人間の
思考を辿るものであり、因果関係は人間特有のものである。急進ビッグ
データ論者は‘反 AI’ともいえよう。

4.1.2 ▷ 確率的因果関係と条件付き確率を組み立てる

　ベイジアン・ネットのしくみを、もう少し詳説しよう。

　因果関係では、「結果」は一般的に、‘必ず’起こることをいう。だが、
現実の問題では、同じ出来事でも、‘ほとんど必ず’‘しばしば’‘〜とい
うこともありうる’などといった、100％ではない程度もある。因果関係
を解析するとき、それらを「結果」として含めてよいかが問題になる。今
回扱う「確率的因果関係」では、むしろこの‘ゆらぎ’をメインに扱うの
で、もちろん含めるものとして進める。

　感覚として「原因」から「結果」へとものごとが流れるイメージをもち

やすいので、これまでの章でたびたび図示してきたように、原因を上位、結果を下位と考えるのがわかりやすい。ただ、原因にはそのまた原因が考えられるから、その上、下の区別が必要となる。そこで、家系図のように「原因」-「結果」を「親」-「子」のようにみなし、親のさらに上を'祖先'（ancestors）、子のさらに下位を'子孫'（offsprings）と呼び進める。

このように考え、'出来事'を〇で表わし、親（原因）から子（結果）に向けて矢印を引けば、ネットワークが生まれていく。この〇を「節」（ノード、node）と呼ぶ。また節をつなぐものは、主に「枝」（エッジ、edge）と呼ばれる。

できあがったネットワークには1つだけ条件があり、A → B →…→ A のような戻る循環（サイクル）がないこと——因果の循環がないこと——を約束する。このようなネットワークを「有向非循環グラフ」（directed acyclic graph、DAG）という。このグラフに確率的因果関係の確率を「条件付き確率」として与えたもの（ウエイトとして加えたもの）が、すなわちベイジアン・ネットである。ベイジアン・ネットの目的は、各ノードの状態の確率を定めることによって、ベイズの定理を用いてネットワークを遡上し（さかのぼり）、すべての原因の可能性の軽重——これを「確信分布」という——を確定することである。

それでは次項から具体例を挙げ、図示していこう。

4.2 複数の症状から原因疾患を読み解く ——医療診断でのベイジアン・ネットの原理

医学の理論によればがんの脳転移（転移性脳腫瘍）では、激しい頭痛や昏睡が起こるが、他方、がんから高カルシウム血症が引き起こされることによっても昏睡が起こりうる。また、まったく別の脳腫瘍が頭痛を引き起こしている可能性も忘れてはならない。程度はいまは軽度で、外出もできるというが、その矢先に激しい頭痛があったとなると、やはりがんとの関連性が気にかかるところである（今回は例示のため単純化しているが、詳細に

ついては『南山堂医学大辞典』など参照のこと）。このように、「原因」と「結果」が一対にならないとき、ベイジアン・ネットの考え方が役に立つ。

今回は、「転移性腫瘍」「高カルシウム血症」「脳腫瘍」「昏睡」「激しい頭痛」の5つのキーワードをもとに、ベイジアン・ネットを組み立て、そのうえで、

「昏睡はないが、激しい頭痛はする」

という「結果」からさかのぼることのできる「原因」の割合を調べていこう。各段階を8段階の手続きとして詳しく解説する。

4.2.1▷「昏睡はないが、激しい頭痛はする」の条件付き確率

ⅰ）各ノードをピックアップする

さきに挙げた5つのキーワード「転移性腫瘍」「高カルシウム血症」「脳腫瘍」「昏睡」「激しい頭痛」が、今回のベイジアン・ネットのノードとなる。医療知識については成書に頼りつつ、それぞれの'親子関係'に注意しながらa～eの記号を割り当てると、**図4.2**のようなベイジアン・ネットの

One point

転移性脳腫瘍

ネットワーク自体の作成にはやはり個別知識が必要になる。その一例。

転移性腫瘍（転移性がん）とは、体内のある部位で始まったがん細胞（原発巣）が血管やリンパ節などを通って移動したことにより、別の場所のがん化が進んだものである。

転移性脳腫瘍は、脳腫瘍の1種であり、がん患者の4割程度に生じる疾患であるといわれている。転移は脳のどの場所へも起こりうる。また、がん原発巣からはとくに症状が起きていないまま、脳転移の症状が最初に出ることもある。

このように、AIはプログラミング専門家だけでは作れない。本当の専門家が不可欠である。AIが専門家を完全に追放するとは考えにくい。

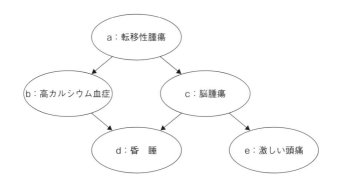

図4.2 転移性腫瘍を祖先とするベイジアン・ネット（簡易）

土台を作ることができる。

ⅱ) 関係のある・なしを記号化する

図 4.2 で図示されたことによって、今回の問題と、その要素の関係性が理解しやすくなった。しかしながら、これだけではベイジアン・ネットとはいえない。なぜなら、因果関係についての確率（ウエイト）が書き入れられていないためである。

いま、因果関係について、成り立つ・成り立たない、あるいは、起こる・起こらないを論理記号で整理してみよう。すなわち次表

a：転移性腫瘍	+a：あり，¬a：なし
b：高カルシウム血症	+b：あり，¬b：なし
c：脳腫瘍	+c：あり，¬c：なし
d：昏睡	+d：あり，¬d：なし
e：激しい頭痛	+e：あり，¬e：なし

とする。

それでは、ノードの流れにそって、これらの条件付き確率を**表 4.3** にまとめる（この数値は統計学上の仮説である。意図は後述する）。表で用い

表4.1 転移性腫瘍の因果関係における確率パラメータ・リスト

親ノードによる 因果関係	条件付き確率の付与	
a （最上）	P(+a)＝0.20	
a → b	P(+b｜+a)＝0.80	P(+b｜¬a)＝0.20
a → c	P(+c｜+a)＝0.20	P(+c｜¬a)＝0.05
b, c → d	P(+d｜+b, +c)＝0.80	P(+d｜¬b, +c)＝0.80
	P(+d｜+b,¬c)＝0.80	P(+d｜¬b,¬c)＝0.05
c → e	P(+e｜+c)＝0.80	P(+e｜¬c)＝0.60

られている P(○｜△) とは、'△のとき○となる条件付き確率' を表わす。

ⅲ） 条件付き確率を求めてみる

そろそろ、課題である「昏睡はないが、激しい頭痛がある」とき、どういう原因がどの程度の可能性で疑われるかを考えたいが、**図4.2** を見るとわかるとおり、条件 d, e は祖先ノードではないため、**表4.1** からすぐに確率を割り出すことは難しい。

そこでまず、考え方のベースを知るために、祖先ノードである a （転移性脳腫瘍） から、b （高カルシウム血症） や c （脳腫瘍） に進む矢印のことを考えてみる。つまり、a → b, a → c について考えたとき、次の**図4.3** のように表わすことができる。ただし、矢印が交差すると複雑に感じるため、b、c が起きない矢印 （¬bあるいは¬c） は省略した。

このように、シンプルな「原因」と「結果」の形になりながらも、エッジ （矢印） の横にウエイトがついたグラフであることがわかるだろう。

ⅳ） Excel でネット計算をする

表4.1 を使って、a の条件ごとの （b, c） の確率が、次の**表4.2** のように求められる。これはベイズの定理でいうところの尤度となる ［事前確率はこの場合、a の確率 P(+a)，P(¬a) である］。1 行の数値の和が 1 になっているところにも注目してほしい。

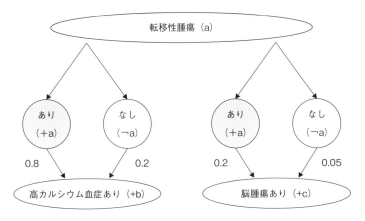

図4.3 a→b, a→c(ただし、b, cともに+の場合)の条件付き確率

表4.2 aの条件ごとの(b, c)の確率(4通り×2通り)

a条件	(+b, +c)	(¬b, +c)	(+b, ¬c)	(¬b, ¬c)
+a	0.16	0.04	0.64	0.16
¬a	0.01	0.04	0.19	0.76

たとえば、一番左の数値なら、+aのとき(+b, +c)である確率は

$$P(+b|+a) \times P(+c|+a) = 0.8 \times 0.2 = 0.16$$

¬aのとき(+b, +c)である確率は

$$P(+b|¬a) \times P(+c|¬a) = 0.2 \times 0.05 = 0.01$$

と、きちんと**表4.1**の数値を用いて計算されることを確認してほしい。この計算にはExcelしか用いていない。

また、その右隣の列については、少しだけ応用が必要で、+aのとき(¬b, +c)である確率は

$$\{1-P(+b\,|\,+a)\}\times P(+c\,|\,+a)=(1-0.8)\times 0.2=0.04$$

となっている。このようなわずらわしくも丹念な計算がAIのもとになるから、AIとは地道なものであって、正しく理解しなければならない。

　次に、aの条件を通算して無条件の(b, c)の確率分布を求める。$P(+a)$、$P(\neg a)$が同確率であれば**表4.2**の上行と下行を足すだけですむのだが、この場合は事前確率として、aの確率$P(+a)=0.2$，$P(\neg a)=0.8$のウエイトがつくため、それも入れて

$$P(+b,+c)=0.20\cdot\mathit{0.16}+0.80\cdot\mathit{0.01}=0.04$$
$$P(\neg b,+c)=0.20\cdot\mathit{0.04}+0.80\cdot\mathit{0.04}=0.04$$
$$P(+b,\neg c)=0.20\cdot\mathit{0.64}+0.80\cdot\mathit{0.19}=0.28$$
$$P(\neg b,\neg c)=0.20\cdot\mathit{0.16}+0.80\cdot\mathit{0.76}=0.64$$

$$\overline{\text{計}1.00}$$

となる。(b, c)の4状態を一括してzとし、この確信分布を

$$\pi(z)=(0.04,\ 0.04,\ 0.28,\ 0.64)$$

と簡単に表わす（本書だけの記法である）。ここでも当然

$$0.04+0.04+0.28+0.64=1.00$$

であることを確認してほしい。ここでπは円周率ではなく、ギリシャ文字による関数名である。

ｖ）　（¬d,＋e）の確率を求める

　b, cの確率の算出もできたところで、いよいよd, eの確率について考えていこう。たとえば$P(+d)$については、さきほどよりやや複雑にはなるが、次の**図4.4**のような図式で表わすことができる。

　同じように考えていくと、求めるべき(¬d,＋e)の確率は、zごとに

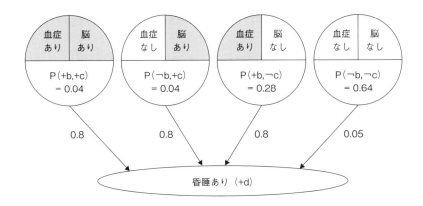

図4.4 ＋d の条件付き確率
血症＝高カルシウム血症（b）、脳＝脳腫瘍（c）。値は表 4.1 参照。
¬d を考える場合は、上図のウエイトをそれぞれ、1−0.8＝0.2, 1−0.8＝0.2, 1−0.8＝0.2, 1−0.05＝0.95 と変えることで表わせる。

$$P(\neg d|z)=(0.20, 0.20, 0.20, 0.95)\equiv \lambda_D(z)$$
$$P(+e|z)=(0.80, 0.80, 0.60, 0.60)\equiv \lambda_E(z)$$

さらに

$$P(\neg d,+e|z)=(0.16, 0.16, 0.12, 0.57)\equiv \lambda(z)$$

となる。最後の式は確率論的独立を用いての値である（つまり、d と e の状態が相互にそれぞれの確率には影響しない、という前提で求めている）。

なお、突然出てきている λ は、ベイジアン・ネットの開発者パール（J. Pearl, 1936-）のベクトル表記法であるが、本書では詳説しない。このあとの式を簡便な表記にするための定義と考えて差し支えない。

これでようやく、ベイズの定理の適用条件（前提となる素材）が整った。

4.2.2 ▷「転移性腫瘍がある確率」を知る

vi）ベイズの定理に当てはめる

いよいよ「ベイズの定理」の出番である。事後確率を求めるためには、

「事前確率」と「尤度」が必要である。今回の場合、記号も定義し

$$事前確率＝(aの状態を前提とした)b, cの状態＝π(z)$$
$$尤度＝(¬d, +e)となる確率＝λ(z)$$

となる。また、事後確率はベイジアン・ネットでは「確信分布」(belief distribution) と呼ばれ、BEL で表わされる。よって

$$事後確率 BEL(z)＝事前確率 π(z) ×尤度 λ(z)$$

となる。λ、BEL、この算法もここだけの約束である。

各 z の 4 状態の確信分布は、$(¬d, +e)$ の条件下で

$$BEL(z) = α \cdot π(z)λ(z)$$
$$= α \cdot (0.04 \cdot \mathbf{0.16},\ 0.04 \cdot \mathbf{0.16},\ 0.28 \cdot \mathbf{0.12},\ 0.64 \cdot \mathbf{0.57})$$
$$= α \cdot (0.0156, 0.0156, 0.0817, \mathbf{0.887})$$

となる。$α$ はベイズの定理の共通の $\frac{1}{分母}$ を表わす。

最後の行の（ ）の数値は、**図 4.4** でも表わしたとおり、b（高カルシウム血症）と c（脳腫瘍）が、(あり・あり，なし・あり，あり・なし，な

知っている人が急に頭が痛いっていってうずくまっちゃって、どうしたのだろう

僕らなら、言語がないから、人に伝えられないね

僕らは若いからね。頭痛ってあまりないけど、心配は心配だった

余計な心配だったけど、それは結果論だよね

し・なし）の順に並んでいるので、（¬d, +e）であるとき、もっとも確率が高いのは（¬b, ¬c）である、といえる。文章として書き換えれば、

> 「昏睡はないが、激しい頭痛がする」という「結果」から考えうる、もっとも有力な「原因」は、「脳腫瘍でも高カルシウム血症でもない」という確率が圧倒的に高い

ということになる。

vii) 所見：実例としての傾向と比較

念のため、実例としての傾向を**表 4.1** に立ち返りながら検討してみる。

脳腫瘍がある（+c）なら、昏睡が出る（+d）確率は 0.8 と高率であるのに、今回の症状では出ていない。次に疑われるのは、脳腫瘍はないが高カルシウム血症である（+b, ¬c）可能性だが、（+b, ¬c）のとき、昏睡とならない（¬d）確率は 0.2 と低い。そのため、上の式でも 0.0817 という小さい値で、4 つの中では 2 番目に確率が高い。とはいえ、加味するほどの必要はない。

よって、前述したとおりの結論で間違いなさそうである。ここまでの思考を図示したものが次の**図 4.5** である。

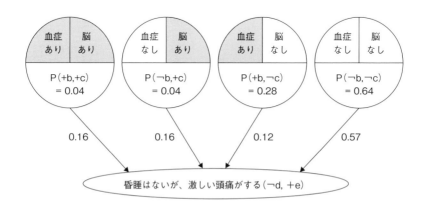

図 4.5 （¬d, +e）のもとでの確信関数　BEL(z)の求め方（ベイズの定理）
血症＝高カルシウム血症（b）、脳＝脳腫瘍（c）。

viii) 結論：転移性腫瘍であったのかどうか知りたい

さて、肝心の結論である。これが読めなければ何のためにここまで計算したか、その意義が疑われる（結果を読めない人も多い）。今回もっとも心配しているのは、最終的に転移性腫瘍なのか否か、という点であるからBEL(a) も求めよう。まず a から下り

$$a \rightarrow 各 z \rightarrow (\neg d, +e)$$

という構造であるため、第 1 段は P(z|a)、第 2 段は $\lambda(z)$ で確率が与えられることがわかる。したがって、前述までの情報からすんなりと、a ごとの P($\neg d$,+e) が求められる。

+a, $\neg a$ のそれぞれに対し、($\neg d$,+e) の確率は

$$\begin{aligned}
\sum_z P(z \mid a)\lambda(z) &= (0.16 \cdot 0.16 + 0.04 \cdot 0.16 + 0.64 \cdot 0.12 \\
&\quad + 0.16 \cdot 0.57, 0.01 \cdot 0.16 + 0.04 \cdot 0.16 \\
&\quad + 0.19 \cdot 0.12 + 0.76 \cdot 0.57) \\
&= (0.2, 0.464)
\end{aligned}$$

よって、**ベイズの定理でさかのぼる**と、π を事前確率、λ を尤度として

$$\begin{aligned}
\mathrm{BEL}(a) &= \alpha \cdot \pi(z)\lambda_z(a) \\
&= \alpha \cdot (0.20 \cdot 0.20, 0.80 \cdot 0.464) \\
&= (0.097, 0.903)
\end{aligned}$$

となる。（ ）内は、+a, $\neg a$ の順に並んでいて、結局、論理的に

> 転移性腫瘍である確率は 10%以下

と導かれる。この数値をどう捉えるかは、もちろん医療者とそうでないものではまた変わってくることはありうるが、ひとまず、今の時点でそこまで心を痛める心配はなさそうである。めでたしめでたし。

4.2.3 ▷ ポイント：データ自体には論理はない

　本章では医療問題というセンシティブな問題を取り扱っているにもかかわらず、エビデンスのあるデータを用いることを避けた。あえてデータを示さなかった最たる理由は、AIの根本は推論の論理にあるのであって、データ自体に論理は含まれていないということを示すためである。この意において、「データ・サイエンス」は**論理なくして存立しない**。「データ・サイエンス」がデータのみからできているとするなら、人が立ち入る余地はなく、'データ・サイエンティスト'なるものは語義矛盾であるか、そうでないとしてもただ案山子のようなものになってしまう。

　本論はデータ自体が不要といっているのではない。統計学である以上、それは不可欠の要素であることは間違いない。ただ、膨大なデータに対し、人が意思をもって選択し、思考し、組み立て、分析することに、統計学が学問であることの意義がある。強力であるのは、データよりはむしろ組み立てる論理である。それは創造である。

　いずれにせよ、こうしたシンプルなAI構造は**学ぶ価値と必要**のある分野のひとつである。関心のある読者は、AIの中身の一端に触れるため、本章のようなテーマを設定し、計算を試してみてほしい。Excelなどの表計算ソフトがあれば十分間に合う内容である。

Memo

第4章　ベイジアン・ネットワークの原理──「人間」にもっとも近いAIのすすめ

第5章

二項分布、ポアソン分布、正規分布のベイズ統計学

「事前分布」の急所を学ぶ

第5章

二項分布、ポアソン分布、正規分布のベイズ統計学
──「事前分布」の急所を学ぶ

5.1 ベイズ統計学の新世界へ

　確率論の定理である「ベイズの定理」を統計学に大々的に応用したのが「ベイズ統計学」（Bayesian statistics）である。統計学においてデータはパラメータ（θと記す）によって決まる確率分布から生じるとされるから、パラメータが原因、データが結果となっている。このしくみの意義とメリットは大きい。

　そもそも、現象が原因から結果へと'下流'に流れるところ、ベイズの定理は結果から原因へと上流へさかのぼる「帰納論理」であって、数学的真理は人間なしでも存在しうるが、帰納論理は人間の知能しかなしえない芸当である。この論理がデータに適用されたのがベイズ統計学であって、したがってその発展として **AI が強力であって、確率、論理、統計を構成三要素とする**わけもそこにある。ベイズの定理、ベイズ統計学が AI の原型なのである。

　これまでの章では、ベイズの定理に慣れるためにも、直接応用例を個別に考えてきた。第 1、2 章までが必須知識、第 3 章までが基礎、第 4 章ではひとつの展開を紹介した。本章からいよいよ始まる'ベイズ統計学'ともなれば向かう範囲は広いため、不安がある方はいま一度読み返すことをお勧めする。そのうえで、まずは「ベイズの定理」をいま一度見つめ直すことから始めたい。

5.1.1▷ レビュー：「ベイズの定理」とは事前分布×尤度

まずベイズの定理とは何か。さまざまな見方ができる。ストレートには
ベイズの定理で、ベイズ更新

$$事前確率分布×尤度 \quad \Rightarrow \quad 事後確率分布$$

が行なわれるが、これを変換とみると、尤度によって

$$事前確率分布 \xrightarrow{\text{ベイズの定理}} 事後確率分布$$

とみることもできる。ベイズ統計学は徹底的に'確率分布の変換の技法'
という内容をもつことを強調する。また一方で、この変換はデータによる
から

$$事前確率分布 \xrightarrow{\text{データ}} 事後確率分布$$

とすれば、データないしはデータの尤度が分布の変換（すなわち、ベイズ
更新）を行なっている主体であることを強調している。このあと、この変
換が驚くほどスッキリときれいに行く場合を述べよう。

ちなみに、1〜4章まででは「事前確率」「事後確率」といっていた部分
が、「事前確率分布」「事後確率分布」と変わっていることに気づかれただ
ろうか。指し示すものに大きな違いはないが、この微妙な言い分けは、こ
れ以降私たちが足を踏み入れる「ベイズ統計学」の新世界を感じさせる予
兆のひとつだとでも思ってほしい（以後本書では略称である「事前分布」
「事後分布」という用語を用いて解説していく）。

5.1.2▷ 事後分布は「終わり」ではなく「始まり」

「事後分布」という存在についても、いま一度考え直しておこう。ベイ
ズ統計学は確率分布の扱いに集約されるので、計算の上では、事後分布の

出力で終わる。しかし、実際の解釈や結果のまとめでは事後分布は始まりである。実際たった１つの結果のように見えて、その実、パラメータ（parameter、統計学的には「母数」の意）の

平均，中央値と上下四分位点（五数要約）および SD

など、元データから導き出せるさまざまな情報をもっている。たとえば、統計的回帰モデルのひとつであるロジスティック回帰を用いれば、これらの情報から、入力情報の対数オッズ比などのリスク指標も求められる。また、経済学・経営学では「合理的期待形成」や「期待効用」「期待損失」の概念、ゲーム理論では「ベイジアン・ナッシュ均衡」にも発展する。これらに利用しないのはもったいないが、それは必要性と応用の能力の課題である。存外ここまでできないユーザーや教師が多い。

　このように、事後分布は思いがけなく大切なものである。言うまでもなく、事後分布は事前分布で決まる（おおいに影響する）ため、かえって事前分布の「とり方」こそが重要であることがわかる。'とり方'といったのも、あらかじめ決まっているものではなく、むしろ選んだり見立てるものだからである。

　ベイズ統計学は'操作的''機械的'で、ややもすれば人は誤解して、ベイズ統計学とは'計算'や'シミュレーション'の技法とか'潜在変数のモデル'とか、本質を外したものを考える誤解が多い。しかし、事前分布のとり方は、'機械的'にできるものではない。'人為的'な選択が必要になる。歴史的には「主観確率」が採用された。かといって、'勝手に''適当に'設定されるものでもない。これまでにも述べてきたが、ベイズ統計学は'人の思考を自然になぞっている'統計学である。そこにベイズ統計学の理念と哲学の強みがあることを再認識して、先へ進みたい。

5.2 > パラメータの事前分布の基本形

　また、名前のごとく事前分布は'基づくデータがまだない'状況にある。したがって事前分布をどうおくか絶対的基準がない。このことはベイズ統計学の最大の課題であり、長い間批判の標的になっていた。そして、これこそベイズ統計学が有用にもかかわらず2世紀以上も放置され、復興時には批判され'遅咲きの統計学'と考えられた理由である。

5.2.1 > 自然共役事前分布という正統

　コンピュータに依り頼めない時代では、事前分布はあくまで数学的（解析的）に選ばなければならなかった。その中でいくつか、尤度と'折合いの良いお相手'の確率分布がある。それを用いると、驚くほどスッキリと簡便に事後分布が出る。まさに、'目をつぶっていても出る'ようなイメージである。そういう確率分布を、固い言い方だが「**自然共役事前分布**」（natural conjugate prior distribution）という。初期のベイズ統計学では長い間華の主役であった。いわば、'お行儀よい標準法'であるが、今日でもベイズ統計学の必須基礎修練として扱いやすいものである。なお、共役とは'組になったものの決まった相手'を意味する。数学では「共役複素数」（complex conjugate）という言い方もある。

◇**目的と場に応じた3つのパターン**

　統計学的によく扱われるデータであり、自然共役事前分布をもつ3つの分布、「二項分布」「ポアソン分布」「正規分布」について紹介していく（詳細についてはそれぞれ後述コラムを参照されたい）。

　尤度という言葉は'起こりやすさ'を指すため、尤度 L はパラメータの関数として結果 x の起こりやすさの確率を示す「確率分布」のことである。実際には目的や場に応じて使用する分布を選ぶ必要がある。

第5章　二項分布、ポアソン分布、正規分布のベイズ統計学——「事前分布」の急所を学ぶ

[ケースⅠ] 起こる vs 起こらないのカウント型（二項型）
例：ある薬の治験で 10 人が飲んだうち x 人に効いた（x = 0 〜 10）。
⇒「**二項分布**」で表わされる。

[ケースⅡ] 回数カウント型（ポアソン型）
例：コンピュータに文字入力する作業で x 字入力ミスがあった。
⇒「**ポアソン分布**」で表わされる。

[ケースⅢ] 計量的測定データ型（正規型）
例：ある年齢層の男（女）性集団に最高血圧 x を尋ねた。
⇒「**正規分布**」で表わされる。

では、確率分布（ここでは尤度）の式を書こう。事前分布を w、尤度を L と記す。[ただし、x は出た値（結果）であるから固定されるため、関数 L(x) のように書くのはここだけの簡易的表記である。実際は L はさまざまな確率分布を決めているパラメータの関数、すなわち尤度になる]。

[ケースⅠ] 二項分布　**Bi(n, p)** では

$$L(p) = {}_nC_x \cdot p^x(1-p)^{n-x}, \quad 0 \leq p \leq 1$$

x は効いた人数、n は治験全員の人数（= 10）、p はパラメータを指す。これを図示すると次の **図 5.2** のようになる。

[ケースⅡ] ポアソン分布　**Po(λ)** では

$$L(\lambda) = e^{-\lambda} \cdot \frac{\lambda^x}{x!}, \quad \lambda > 0$$

x は入力ミスした回数（文字数）、λ は単位回数（範囲、時間でも可）に起こる平均回数を指す。e は自然対数の底（ネイピア数）である。近似値は e = 2.71828 である。これを図示すると次の **図 5.3** のようになる。

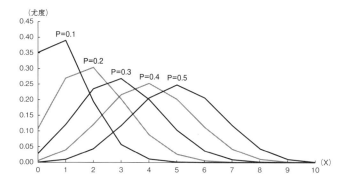

図5.2 二項分布 Bi(n, p) の尤度

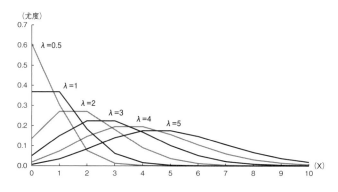

図5.3 ポアソン分布 Po(λ) の尤度

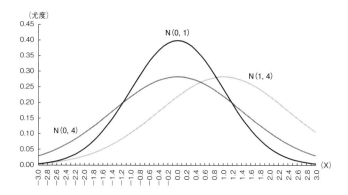

図5.4 正規分布 N(μ, σ^2) の尤度

［ケースⅢ］正規分布　$N(\mu, \sigma^2)$ では

$$L(\mu, \sigma^2) = \frac{1}{\sqrt{2\pi}\,\sigma} exp\left\{-\frac{(x-\mu)^2}{2\sigma^2}\right\}, \quad -\infty < \mu < \infty, \quad \sigma > 0$$

この例のみパラメータが2つあることに注意する。x は最高血圧の測定の値、μ は集団の平均、σ^2 は集団の分散、σ は標準偏差を指す。exp はさきほどの e の別記であり、たとえば $e^2 = exp(2)$ となり、累乗の変数が複雑なときに有用である。これを図示すると次の**図 5.4** のようになる（正規分布の指定は分散 σ^2 に依っている）。

◇パラメータを推論する

　まず、この「**パラメータ**」という考え方がポイントである。**図 5.2-4** を眺めながら、その意味を考えてみよう。パラメータは、統計学的には「母数」と和訳される。学問に応じて多数の意味をもつ語であり、ふだんなかなか本質的な意味を考えたりしないかもしれないが、統計学的には、たしかにその現象にとって母のような‘重要な定数’を指すことが納得できるだろう。以下で、パラメータの関数、すなわち尤度を見ていこう。

　［ケースⅠ］では、p が大きければ大きいほど、x が大きくなりやすい。

　つまり、p が大きければ万人に効く薬、小さければ効く対象がかなり限定される可能性のある薬、中間の値ならば効く人と効かない人にばらつきがある（中程度の）薬といえる。p の例としては、「事前の薬効予測」が挙げられる。

　［ケースⅡ］では、λ が大きければ大きいほど、x が大きくなりやすい。

　つまり、λ が大きければ変換ミスしやすく、小さければ変換ミスしにくく、中間の値ならば中程度である。λ の例としては、「人」や「状態」などが挙げられる。

　［ケースⅢ］では、μ が大きければ大きいほど、x が大きくなりやすい。

　μ が大きければ高血圧傾向、小さければ低血圧傾向、中間なら正常範囲

内である。μ はランダム性の「平均」である。

　したがってパラメータ p, λ, μ の現実の値を知ることが統計分析の上で
もっとも重要である。むしろ、それなくしては統計学とはいえないだろ
う。しかしながら、パラメータは理論の上の概念であり、しかも現象は確
率的偶然現象であって、現実には察知不可能な量（潜在変数という）であ
る。これを「未知」（unknown）の「真の値」といっている。データを
資料としてなるべく正しく解釈（推論）することが一般的で、あくまで
「推論」（inference）である。

　たとえば、高速道路の料金ゲートを何基造るかは、車のゲートへの（毎
分の）到着頻度に依るだろう。到着台数はポアソン分布によることがわ
かっているが、設計者はデータを資料として、パラメータを一応、$\lambda=2.5$
〈台〉と推論し、設計した。これでうまく役割を果たすかは、もちろん実
施してようやく判明する。

　もっと比喩的にいうならば、いま事件が起きて、いくら有能な探偵に依
頼したとしても、探偵は犯行が起きた瞬間は見ていないのだから、真実を
100％知っているわけではない。あくまで現実的な素材や関係性をより集
めて推論するほかない。これと同じであると捉えればよい。

◇パラメータの出方に濃淡（ベイジアンの立場）

　パラメータ p、λ、(μ, σ^2) によって、確率論的にそれに対応してデー
タ x の出方の確率分布が決まるから、x から逆算してパラメータの値がお
おむね推論できる。推論だから絶対的ではなく幅の濃淡が生じる。これを
重要視するのがベイズ統計学である。ここに大きな違いがある。

　　　'真の値は（ある決まった）ひとつの値であるが、わからない'

これに対し

　　　'わからないからこそ、いろいろであると想像される'

こちらがベイズ統計学の立場（**ベイジアン**）である。この石の重さは知らない。ゆえにその重さはさまざまである。この論理は自然科学者の強烈な反対に出会ってきた。では、（以前は）光の速さも電子の質量もさまざまであったのか。'事実、いろいろな議論の対象にはなった'の意味ならそれは正しい。しかし、割り切れない点も残る。ベイズ統計学の受け入れはひとつの哲学的飛躍である［ただし、哲学的問題にすること自体を排撃する立場もある（たとえば故赤池弘次氏）］。

この考えからは、便利だからそのまま用いるオペレーショナルな立場となるが、AI への発展ではどうなるかは将来課題であろう。

実際に**図 5.2-4** に戻って、尤度（この場合、縦軸の高さ）を横断的に見てみよう。それぞれ似てはいるがだいぶ様子が違うことがわかる。なお、以後、尤度は L(p), L(λ), L(μ, σ^2) などとし、x は必要に応じて入れるものとする。

たとえば、［ケースⅠ］の二項分布で x＝7 とし、**図5.2** を見ると、5 通りの p の中で p＝0.1, 0.2 である場合に、これ（x＝7）はほとんどありえない。このことから逆に x＝7 となるような状況の原因としては、p＝0.1, 0.2 自体が非常に**可能性が低い**ことがわかる。p＝0.4, 0.5 なら x＝7 は十分ありうるし、しかも p＝0.5 での方がよりありうる。逆にいえば、p＝0.4, 0.5 が可能性が高く、しかも後者の方がより高い。

また、x＝1 であるなら、p＝0.1, 0.2, 0.4, 0.5 の中で今度は p＝0.1 がもっとも可能性が高く、そのあとは順番に可能性が低くなっていく。また、x＝4 であるなら p＝0.4 が可能性最大である。

このようにパラメータを横断的に見ると、（さしあたり結果 x のことは忘れるとして）次のことがわかる。二項分布では、

pの値はわからず、0〜1の間にあることだけ確かである。しかも出方の濃淡の違いがありうるため、無限にあるすべての場合が平等になるとは限らない。

このことを「ベイズ的」に表現するなら、それはごくありふれた論理で、

ある（予測できる範囲での）原因から起こっていることには違いないが、その原因はわからない。ただし、すべての原因が同等とは限らず、おのずから有力な可能性の高い原因とそうでない原因に確率が異なってくるのがふつうである。この確率分布を知りたい。

と言い換えることができる。

ベイズの定理を用いれば、結果 x から原因となるパラメータの推測が

— **One point** ——————————————————————————————

二項分布の始め

高校で習った二項定理

$$(a+b)^n = \sum_{k=0}^{n} {}_nC_k\, a^k\, b^{n-k}$$

で、$a=p, b=1-p$ とおくと各項として得られる。すなわち、p を成功の確率、$1-p$ を失敗の確率とすれば（これ以外は考えない）n 回中の k 回の成功は

$${}_nC_k \cdot p^k (1-p)^{n-k}$$

となる。$p, 1-p$ のところはいいだろう。${}_nC_k$ は成功が n 回中のどの回で起こっているかの場合の数で、これだけ重なる。二項分布は、早くからパスカル、ベルヌーイ（ヤコブ）によって知られ研究されていた。賭けの勝敗の研究が動機になっていた。

できる。探偵の話に戻るならば、探偵が事件の依頼を受けたとき、犯行現場や証拠物、証言者に会う前に、事件の発端について常識的感覚・知識に応じて思考する、最初の「見立て」と思えばいい。

次項ではまず、もっともわかりやすい二項分布 (n, p) を取り上げて「自然共役事前分布」を見立てる例を説明しよう。

5.2.2 ▷ 二項分布の自然共役事前分布はベータ分布
──見立てで薬の効き目の結論が変わるか？

新薬開発は作用・副作用を確かめるために、大変多くの年月と費用と試験協力を経ている。そのすべてを知ることはできないが、「治験」（臨床試験、clinical trials）の段階では統計学が非常に重要になってくる。

前述の［ケースⅠ］を思い出してほしい。この場合、欲しい「原因」は「この新薬が結局どれぐらい効き目があり、試験をパスさせていいものなのか」であり、得られている「結果」は「10 人の治験者に対して x 人が'効果がある'と答えた」にあたる。その尤度は二項分布から、p の関数

One point

ベータ関数とベータ分布

ベータという名前は、スイスの数学者オイラー（L. Euler, 1707-1783）によって命名された次の関数から由来し、具体的現象に対応しないが、計算上非常に重要である。単にギリシア文字で呼称している。a > 0, b > 0 とし

$$B(a, b) = \int_0^1 x^{a-1}(1-x)^{b-1}\,dx \qquad （完全ベータ関数）$$

この B（ベータ）は特別な場合以外は、答えを求める計算手続きが存在しない。ただし、この積分値は存在する（面積として）。オイラーはこれを当初「第 1 積分」と呼んだ。ベータ分布はこの積分の中味の形に由来する。

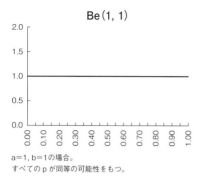

a=1, b=1 の場合。
すべての p が同等の可能性をもつ。

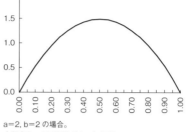

a=2, b=2 の場合。
中程度の p の可能性がもっとも高い。

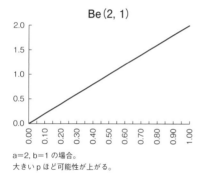

a=2, b=1 の場合。
大きい p ほど可能性が上がる。

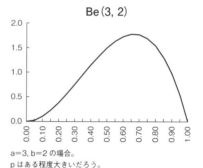

a=3, b=2 の場合。
p はある程度大きいだろう。

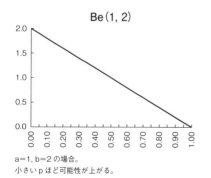

a=1, b=2 の場合。
小さい p ほど可能性が上がる。

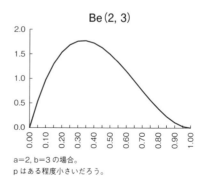

a=2, b=3 の場合。
p はある程度小さいだろう。

図5.5 ベータ分布　Be(a, b)
(a, b) は、正なら整数でなくてもよい。横軸はここでは p（一般には x）。

お父さんがお薬の試験に参加するそうな…

 え、動物の僕ではないの？

そこはもうクリアしたんだよ

 どうか慎重にやってください。動物だって協力しているんです

$$L(p) = p^x(1-p)^{n-x}, \quad 0 \leq p \leq 1$$

である。

　くどいようだが、次に事後分布を算出するにはこの尤度と事前分布が必要である。では「事前分布」は何にあたるだろうか。

　答えは実は、「（開発者が）どれぐらい効くと思っているか」である。そこに人の知恵が入る。非常にあいまいな数値で驚くかもしれないが、これこそがベイズ統計学の良さであり、人の「見立て」にあたる。「人」とつながらないものはAIには届かない。ただし、この見立てに依ることを非科学的と批判、排撃する人にとっては、ベイズ統計学は無用となり、他の方法の苦労をすることになろう。

◇「見立て」をベータ分布に落とし込む

　結果 x に応じてパラメータ p に可能性の濃淡が出ることは前項で述べた。p が 0〜1 の間での確率分布には、確率論でいう「ベータ分布」Be(a, b) が使える。

　ベータ分布はパラメータ a, b の値によって、針金細工のようにいろいろな形になりうる。さきほど、本例での「事前分布」は「どれぐらい効くと思っているか」にあたると書いたが、今回はその度合いを 60％ぐらい、

0.8 ぐらい、などと断片的な確率では書かず、全範囲に対して可能性の高低で表わす：多少レベルは高いが、ベータ分布

$$k \cdot p^{a-1}(1-p)^{b-1}, \quad 0 \leqq p \leqq 1 \quad (k は定数)$$

という確率分布で表記する（k は全確率＝1 とするためであるが、気にしなくてよい）。つまり、a＝3, b＝2 ならば、新薬は効きやすいとあらかじめ考えていることを表わし、a＝2, b＝3 ならば逆である。なお、関数の表わし方としては、変数は p ではなく x を用いる。また、数学上の理由で −1 がついていることに注意する。

ベータ分布を聞きなれない人も多いが、これが二項分布の「自然共役事前分布」、つまり二項分布の相性のいい'お相手'である。その理由は、式によると理解しやすいのだがそれは後回しにし、まず図で視覚的に理解しよう。ベータ分布はベイズ統計学ではポピュラーで、全部 Excel が書いてくれる。その形は針金細工のようにいろいろな形状のグラフとなる（**図 5.5**）。

Excel の関数コマンド *fx* では、Be(a, b) は

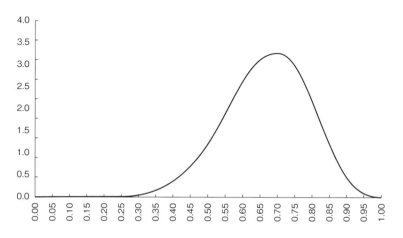

図 5.6 ベータ分布　Be(10, 5)　新薬が効く確率 p（横軸）

$$\text{BETA.DIST(a, b,FALSE, 0, 1)}$$

と打つ。0, 1は0〜1の範囲を示している。つまり、これを事前分布として

$$w(p)=k \cdot p^{a-1}(1-p)^{b-1}, \quad p=0 \sim 1$$

とする。本章の冒頭あたりで設定していたとおり、wは事前分布、pは二項分布を扱う上でのパラメータである。p, 1−pに対して、それぞれa−1, b−1が累乗されていることに注目してほしい。この式は降って湧いたものではなく、［ケースⅠ］の二項分布の尤度をヒントとして「自然」と［まさに自然（natural）に］思いつくものである。似ているのである。

　ただし、そう決めてもまだa, bの値には、前述したとおり「見立て」が必要になる。**図5.5**の6例を見ながら、いまどれを選ぶのが最適か考えるほかない。

　思いつきとして、勝算が半分にも満たない薬を治験まで進めるはずはないので、a＝2, b＝1あるいはa＝3, b＝2などが候補かなと考える。ただ、p＝1（100％かならず効く）はふつうは起こらないとすれば、Be(2,1)のグラフは'ちょっと違う'となり、a＝3, b＝2が最有力候補となる。したがって、$p^2(1-p)$と決まる。pの傾向についてまったくわからないなら事前分布はa＝1, b＝1から始めてもOKである。このようにして**二項分布の相手となる事前分布が定まる**。

◇**事後分布は再びベータ分布：安心材料**

　ベイズの定理から、事後分布はいつものごとくストレートに

$$\text{事前分布（w）×尤度（L）}$$

の計算で求められるのである。また、分母は全確率（確率の和）＝1になるように調整する役割のみをもつため、必要であるなら最後に計算すればいい（実際にはExcelに任せる）。

　以上を理解するために、データが

10 人が飲んで、7 人に効いた

だとする。そこで、w でも L でも（分母に影響する）定数 k は略すと、
w(p)L(p) の主要部は

$$p^2(1-p) \times p^7(1-p)^3 = p^9(1-p)^4$$

と表わされる。(a, b) が (3, 2) から (10, 5) へ変わったことがわかる。これが事前分布から事後分布への変換にほかならない。

　同じ形の式 $[p^{a-1}(1-p)^{b-1}]$ を掛け合わせたら、また同じ式の形が導かれたことがわかるだろうか。$p^9(1-p)^4$ とはすなわち、a＝10, b＝5 のときのベータ関数である。ここがポイントである。結局、事後分布は Be(10, 5)、Excel では BETA.DIST(10, 5, FALSE, 0, 1) で出ることになる（**図5.6**）。たしかに、0.7（x＝7）を頂点にもっている。

　つまり、同じベータ分布の中で、事前分布から事後分布に

$$Be(3, 2) \quad \Rightarrow \quad Be(10, 5)$$

と移っている。この巧妙で切れ味のいいしかけが、二項分布に対する自然な相手としてベータ分布をとったことの結果と理由である。

◇まとめと解釈

　ベイズ統計学は事後分布の結果をもって一応の結論とするため、これまでの統計学の「検定」、「推定」のように、最終結論が 1 通りピシッと出るようには終わらない。そこがむしろ人間の知能に似る「ベイズ統計学」のメリットで、事後分布からいろいろな有用な結論を切り出せるきっかけも生む。今回の治験結果についても、ベイズ推論で得られるさまざまな情報を**表5.1**に例示する。詳しいことは数理統計学のテキスト参照のこと。

表5.1 薬の有効率 p のベイズ推論所見（要約）[ ] 内は公式

事前分布（自然共役）	a＝3, b＝2 のベータ分布 Be(3, 2)
サンプル・データ	10 回中 7 回有効
事後分布	ベータ分布 Be(10, 5)
期待値 E(p)	10/15＝0.667（66.7%）　　[a/(a＋b)]
同分散 V(p)	50/(15^2・16)＝0.0139　　[ab/$(a＋b)^2$(a＋b＋1)]
同標準偏差 D(p)	0.118
有効性指標の確率	p ≧ 0.5 範囲　　0.91
	p ≧ 0.75 範囲　　0.26
	p ≧ 0.9 範囲　　0.01
算出法*	BETA.DIST(10, 5, TRUE, 0, 1)

*累積確率の算出は 'TRUE' で求められる。'FALSE' と使い分けること。

　最後に、「所見」の一例を述べておこう。このように「所見」を述べることの国語力の不得手が以外に多い。このような多角的で信頼できる推論を導き出せることが、AI の重要構成部分を担うに有望である。

> 有効性指標の確率に注目し、回（例）数で p が 50% 以上を有効と定義する場合は、0.91 から薬は「効く」と判断してよいが、90% と定義するなら（0.01 で）まだその判断には達していない。

5.3 ポアソン分布、正規分布に対するベイズ推論

　二項分布を例にとり、事前から事後の分布の変換が自然共役事前分布の中で Be(3, 2) ⇒ Be(10, 5) とスッキリ行なった。シミュレーションなど煩雑な手間を弄せずして新薬の治験の一端を担うことができた。

　ベイズ統計学の分析は、事前分布、尤度、事後分布、……と推論が手続化されている。ただ、「自動化」までされているわけではなく、自由にとれる事前分布の採用が大きく結果を出す難易を左右する。しかしながら、自然共役事前分布をうまくとれば、意外なほどスムーズに論理的に進めら

れることがわかる。このすばらしい切れ味はポアソン分布、正規分布の場合にも見られる。以下、ポアソン分布の場合も簡略に、そして正規分布の場合はやや詳しく（次章へのガイドも含めて）解説していこう。

5.3.1 ▷ ポアソン分布の自然共役事前分布はガンマ分布 ──タイピングの腕前

パソコンのキーボード入力でミスタイプする数からタイピング能力、正確にはミスタイプ傾向（平均ミスタイプ率）を算出してみよう。もともと、ミス、失敗、事故・災害にはポアソン分布があるからそれを使いたい。十分な数のサンプルがないとか、これから本格的に調べる前などの場合を考えよう。こういう調査は、派遣会社の人材登録試験などでも行なわれている。

5.2.1 のレビューとなるが、この '事象回数をカウントする' 形のデータによく使われるのが「**ポアソン分布**」である。式は改めて下に記すが、入力ミスした回数（文字数）を x、単位回数にミスが起こる平均回数（パラメータの一種）を λ と設定する。

5.2.2（二項分布）の例の p と同じく、ここでも前例が十分でないため λ の正確な値はわからず、ベイズ統計学では λ に '予想の事前分布' を設定する必要がある。その際にポアソン分布から導かれる尤度の式との折り合いの良さから「**ガンマ分布**」と呼ばれる分布を選択し、考えていくことになる。

◇事前分布はガンマ分布を使う

変換ミスなどの平均生起数 λ のポアソン分布の尤度

$$L(\lambda) = e^{-\lambda} \cdot \frac{\lambda^x}{x!}, \quad \lambda > 0$$

は数学に親しくない人には込み入っていて扱いづらいかもしれない。その場合は、全体の思考の流れと結論とを把握してもらえるだけでもよいと考える。

―― One point ――

ポアソン分布

もとは二項分布

$$_nC_k \cdot p^k(1-p)^{n-k}$$

から誕生したが、現在は別個と考えられている。n が大きく p が小さいとき、たとえば $n=1000, p=0.003$ のとき $k=2$ となる確率は $_{1000}C_2 \cdot (0.003)^2(0.997)^{998}$ となるが、最後がかつては計算不可能であった。フランスの数学者 S. ポアソン（S. D. Poisson, 1781-1840）は、一般に

$$e^{-np}\frac{(np)^k}{k!} \qquad \text{すなわち} \qquad e^{-\lambda}\frac{\lambda^k}{k!} \qquad (\lambda = np)$$

で計算しても大差ないことを発見した。そこで、この確率分布はあらたに「ポアソン分布」と呼ばれることになった。事故などの稀少現象に用いられる'現代的分布'である。

―― One point ――

ガンマ関数とガンマ分布

オイラーのベータ関数の次に「第2積分」として考え出され、種々の目的に用いられている。$s > 0$ とし

$$\Gamma(s) = \int_0^\infty x^{s-1} e^{-x} dx$$

で定義される。これも式計算で出ないが、たしかに面積はある。だからその値を表わすのにギリシャ文字の B の次の Γ（ガンマ）を用いて命名された。形はやや妙だが意外に

$$\Gamma(s+1) = s\Gamma(s)$$

というキレイな結果から、きわめて重要で広い使い道がある。ガンマ分布はこの形から由来する。

100

あーもう、パソコンでの入力って苦手だよ！

そうだろうね。人間ってこのごろ皆スマホを覗き込んでいる人ばかり

人間社会は変化が激しいから……

それって言い訳みたい。僕たちは生まれつき敏捷だからね

　式を見ると、（λの）指数関数、累乗、そして階乗（！）が入っている（ただし、λの入っていない x! は入れなくてもよい）。二項分布の場合と同じく、λの尤度 $L(\lambda)$ と同類の形の事前分布を採用すると考えると、この尤度と数学的に折り合い良く結合する自然共役事前分布はガンマ分布 $Ga(\ell, a)$ である［記号に Γ、またふつう ℓ に λ を使うが、ここでは用いない］。

　すなわち、定数を k（ℓ, a を含む）として、パラメータ λ に事前分布

$$k \cdot \lambda^{a-1} e^{-\ell \lambda}$$

という式が採用される。尤度と似ていることがわかる。Excel では

GAMMA.DIST($\cdot$, a, 1/ℓ, FALSE, 0, 1)

と指定する（Excel では ℓ の指定に注意）。ガンマ分布の形を図で見ておこう（**図 5.7**）。なお、この形に見覚えがある人もいるかもしれないが、数理統計学でよく利用されるカイ二乗分布はこの仲間である。

◇事後分布もガンマ分布

さて、5.2.2（二項分布）の例と同じように、尤度の式の形を見比べて事前分布をガンマ分布に設定すると、たとえば$a=4, \ell=2$をいい「見立て」にとろう。この場合のa, bのとり方は二項分布の場合のようにスッといかないが、ここでは深入りしない。

また、いまミス回数例として$x=6$を記録したとしよう。この$Ga(4, 2)$を事前分布とし、尤度は$L(\lambda)=e^{-\lambda}\lambda^b$とするとき、事前分布×尤度から事後分布は$Ga(10, 2)$となり、再びガンマ分布の形をとる。こうしてポアソン分布の例も、ガンマ分布を'お相手'とすることでスッキリと収まる。

◇まとめと解釈

今回の例でも、ベイズ推論で得られる情報を**表5.2**に例示する。

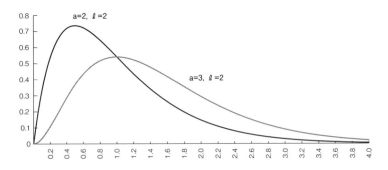

図5.7 ガンマ分布 $Ga(a, \ell)$
横軸はλ（一般にはx）。

表5.2 変換ミス率λのベイズ推論所見（要約） [ ]内は公式

事前分布（自然共役）	$a=4, \ell=2$のガンマ分布 $Ga(4, 2)$
サンプル・データ	6字変換ミス
事後分布	ガンマ分布 $Ga(10, 2)$
期待値 $E(\lambda)$	$10/2=5$（字） [a/ℓ]
同分散 $V(\lambda)$	$10/2^2=2.5$ [a/ℓ^2]
同標準偏差 $D(\lambda)$	1.58（字）
入力の効率性指標の確率	$\lambda \leq 5$ 範囲* 0.542
	$\lambda \leq 3$ 範囲 0.084
算出法	GAMMA.DIST（・,10, 1/2, TRUE, 0, 1）

所見として、

> 変換ミス率は以前より平均２字であったので、今回６字の変換ミスで
> も、平均変換ミス率は５字を中心としつつかなりの確率（0.46）で、
> 3〜5（字）の間にある

と考えられる。ここでも、文章の国語力も試される。実際、AI は言語表
現される。

5.3.2 ▷ 正規分布の自然共役事前分布は正規分布
—— High or Low? 標準血圧の不思議

健康診断で毎年１回とか、人によっては毎朝毎晩測定している血圧の
話。年齢別・性別ごとに'標準血圧'が設定されており、高い低いと未病

—— **One point** ——

正規分布とその発展

　形を見れば、その富士山のような自然な形に誰でも'知っている'と納得す
るだろう。自然である証拠に私たちの身長は正規分布に従う。自然界、生物の
みならず、社会にも、医学分野でも、心理・教育の分野でも、さらに宇宙にも
正規分布は満ち足りている。だから、あまり科学的根拠もなく、従来からほと
んど必ず（チェックもせずに）正規分布と仮定することが多い。

　ただし、理論的には様子が違い、二項分布の形が n 大のときに正規分布に
似る（ド・モアブル、ラプラスの定理）ことをはじめとして、一般に n が大
きいとき測定値の多数の和は正規分布に似てくることが知られている（中心極
限定理）。このような定理は以後の統計学の発展を促した。

　正規分布を仮定すると、重要な統計量がこれから導かれた重要分布として、
χ^2 分布（カイ二乗分布）、t 分布、F 分布などに従い、現代の統計学の厳密な
論理を支えている。なお、正規分布は「正しい」という意味ではなく、通常
（ノーマル）的であることを意味する。実際、数学ではこう呼ばず、現象の発
見者から「ガウス分布」との名称もある。

を心配して一喜一憂してしまいがちなデータのひとつである。

　いまやこのような身体的データは集められる一方だが、データが十分ではないとき、病になるまで放置しては'難病'などの調査はなかなか進まない。そのような場合に、「正規分布」を使ったベイズ統計学がひとつの光明となる。

◇事前分布、尤度、事後分布の正規分布トリオ

　正規分布への推論の課題でベイズ統計学は完成段階を迎える。

　正規分布の尤度は、改めて書くと、記号 $N(\mu, \sigma^2)$ で

$$\frac{1}{\sqrt{2\pi}\sigma}\exp\left\{-\frac{(x-\mu)^2}{2\sigma^2}\right\} \quad -\infty < x < \infty$$

パラメータは μ（平均）および σ^2（分散）である（σ を扱う場合も多い）。「正規分布」と聞いてホッとする人も多いだろう。ただ、一方で初学者がぱっと見ると式はやや複雑なので、Excel 形式では、σ（σ^2 ではない）を指定した

$$\text{NORM.DIST}(\cdot, \mu, \sigma)$$

を使って統計学に親しむのがよいだろう。この分布がないと実質的に統計学は成り立たないからである。

ここでも **5.2.1** のおさらいとなるが、今回の例の場合、x はその人の最高血圧の測定値、μ は集団（たとえば社内の 40 歳台男性全体）の平均、σ^2 は集団（同左）の分散と設定できる。いま、計算を簡単にするために、σ^2 はわかっていて推論対象ではないとし、パラメータは $\underline{\mu}$ だけで尤度も $L(\mu)$ としよう。

自然共役事前分布の見当をつけるために、**5.2.2** と同様、パラメータ μ を動かし（x は止めて）変化を見てみる。ところが、そうせずとも $(x-\mu)^2=(\mu-x)^2$ で、**μ の関数**として見ても正規分布になっていて、正規分布の尤度に対する自然共役事前分布も形としては正規分布であると見当がつく。σ^2 は適当に決めるほかないが、ここでは論じない。

すなわち、事前分布はこれまた正規分布で記号 $N(m, \tau^2)$ を用い

$$\frac{1}{\sqrt{2\pi}\,\tau} \exp\left\{-\frac{(\mu-m)^2}{2\tau^2}\right\} \qquad (-\infty < \mu < \infty)$$

を採用する。ただし、この m を決める客観的基準は、本書内にない（そもそも得がたい）のでそれぞれ独自の「見立て」や'天下り式'によるほかない（たとえば世界規模での平均最高血圧）。分散 τ^2（m と同じ母集団での最高血圧の分散）も同様である。なお、ギリシャ文字 τ は σ の次で'タウ'と読み、t に対応する。これで、事前分布が定まった。つまり、事前分布も種類としては正規分布である。意外だが、かえって便利なのである（次に続く）。

◇まとめと計算法の概説

尤度が正規分布のとき、事前分布も正規分布にすると、計算の結果、事後分布もスジがよく正規分布となって、すべて正規分布の中で収まる（**正規分布トリオ**）。ただしその点はいいが、ややこしい詳しい計算では事後分布の正規分布の平均、分数の計算式も易しいとはいえない。よって事後

表5.3 最高血圧の全集団平均 μ のベイズ推論所見（要約）

事前分布（自然共役）	正規分布
平均 m	130
分散 τ^2	15
サンプル（正規母集団）	
平均 $\bar{x}$	136.2
サンプリング誤差 σ	12
サイズ	10
事後分布	正規分布
期待値 $E(\mu)$	135.83　　（別記*）
分散 $V(\mu)$	13.53　　　（別記*）
標準偏差 $D(\mu)$	3.68
μ のベイズ信頼区間	
95%	(128.62, 143.04)
99%	(126.35, 145.30)
算出法	NORM.INV($\cdot$, 135.83, 3.68)　　（$\cdot$ =0.025etc.）

＊事後分布の計算式は本文参照。表内では数値例を示すに留める。

分布を導く計算は後とし、まずは結果の要約を挙げよう（**表5.3**、**図5.8**）。今回は表を見れば、x や m などの数値をいくつに設定（または仮定）したかが比較的わかりやすい。

　保留としていた事後分布の、平均 $E(\mu)$、分散 $V(\mu)$ については、念のため

〈正規分布のベイズ更新公式〉

$$E(\mu) = \frac{\dfrac{n}{\sigma^2}\bar{x} + \dfrac{1}{\tau^2}m}{\dfrac{n}{\sigma^2} + \dfrac{1}{\tau^2}}, \quad V(\mu) = \frac{1}{\dfrac{n}{\sigma^2} + \dfrac{1}{\tau^2}}$$

で計算される。複雑そうだが、分散の逆数［精度（precision）という］n/σ^2, $1/\tau^2$ がまとまりで入っているから、見かけほどの複雑さではない。また、この式はとくに断らずに非常によく用いられる。ベイズ統計学に慣れれば、自然に頭に入ってくるものである。

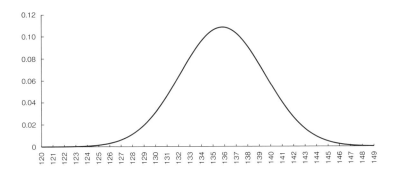

図5.8 正規分布
事前分布も事後分布（本図）も正規分布となる。

　サンプル・サイズが小さいので（10件）、従来の統計学の方法ではサンプルだけからの推定では自信がもてない結果となるだろう。しかし、ベイズ統計学のしかけを使うことで、事前の推量（この根拠は問わない）を事前分布として加味することができる。ただし、常識的に正しい見立てをすれば、**結果的には多少影響しているが**（136.2 ⇒ 135.83）、**やはりサンプル値からは大きく動かず、サンプルの情報は十分重要な役割を果たす**といえる。また、事前－事後変換も、正規分布の中で

$$N(130, 15) \Rightarrow N(135.83, 13.53)$$

となっている。常にそうであるが、事後分布では平均は**サンプルの平均の向き**に動き、かつこれが重要だが、必ず**分散は減少**し精確になることに注意する。サンプルの情報を取り込んだのだから分散は減少して認識は精確になったのである。

　なお、ベイズ信頼区間には t 分布（連続確率分布のひとつで、少し特殊な形をしている）によるものもあるが、大きくは変わらない。t 分布を知っている人は意識しておこう。

Memo

第5章 二項分布、ポアソン分布、正規分布のベイズ統計学──「事前分布」の急所を学ぶ

第 6 章

階層ベイズ・モデルと MCMC

多段階をひとつに束ねる

第6章 階層ベイズ・モデルとMCMC
――多段階をひとつに束ねる

6.1 ベイズ統計学の発展

いままでも述べてきたように、ベイズ統計学は、'型がシンプルで手続きもスッキリしており、便利で役に立つ'、という定評がある。しかし逆に考えるとこれは、理論の数学的「型」が決まっていて、現実が型にはまった理想的場合においてのみ美しく使えるのであって、型からずれるとあっという間に効き目がなくなる。いわば「お公家さま」のモデルであり、自然共役事前分布のような'ベストパートナー'からわずかでもデータがずれれば、基礎的なベイズ統計学の理論ではうまく動かないという欠点がある。

わかりやすい例として、県→市→町→世帯と下へ細かくとられた段になった（階層になった）データを考えよう。各段において、直上の段がそ

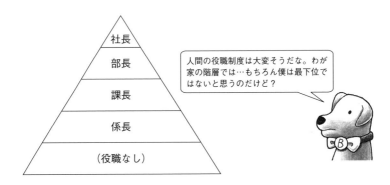

図6.1　階層モデル
カトリック教会の上下に連なる組織を指したが、今日では一般の企業、官庁の組織によく見られる。

の段の様子を決めるから、各段を原因→結果とみてベイズ統計学が使える。多くの段があればベイズの定例を重ねて使える。一般にベイズの定理を上下の'段重ね'状に使うモデルを「**階層ベイズ・モデル**」（hierarchical Bayesian model）という（**図6.1**）。必然的にデータは下の階層ほど細かく多くなる。

ただし、これだけ複雑になると、ベイズの定理は直に使えず、一定の数式に収まりづらい場合の計算対応として、「**マルコフ連鎖モンテカルロ法**」（Markov chain Monte-Carlo：MCMC）のシミュレーション例も章末で紹介することとしよう。

6.1.1 ▷ 枝と葉がついたモデル——現実の木は幹だけではない

第5章で学んだことを思い出しながら、次の3つの問題を考えよう。

［ケースⅠ］　プロ野球選手Xの今期の打率のデータ $x_1, x_2, \cdots, x_n$ がある。これを正規分布 $N(\mu, \sigma^2)$ に従うと考えることはいいが、今期はスランプでこの μ がXの真の実力を表わしているとは考えられない。
⇒　μ にXの「実力」を表わす自然共役事前分布を仮定する。

［ケースⅡ］　ある県のA市の世帯所得データ $x_1, x_2, \cdots, x_n$ がある。これを正規分布 $N(\mu, \sigma^2)$ に従うと考えることはいいが、関心は県の所得水準にありA市は県の一都市にすぎず、この μ がただちに通用するとは思われない。
⇒　μ に県全体の水準を表わす自然共役事前分布を仮定する。

［ケースⅢ］　ある疾病（病気）についてのX病院の月次の治療実績データ $x_1, x_2, \cdots, x_n$ がある。これを二項分布 $Bi(n, p)$ に従うと考えることはいいが、病院によって治療法、技術水準、患者の重篤度などが異なるため、この p がただちにその疾病についての治療実績として信頼できるとは思われない。
⇒　p に疾病の治療実績水準を表わす自然共役事前分布を仮定する。

第6章　階層ベイズ・モデルとMCMC——多段階をひとつに束ねる

111

これらのようなケースにおいては、ベイズ統計学では自然共役事前分布を‘型通り’に使うことができる。ところが、現実的に考えると事情は多少異なってくる。もう少し大きな集団での統計を取りたいと考えたとき、データは広がっていき、

　　［ケースⅠ］では、　ある球団の各選手 A, B, C, …
　　［ケースⅡ］では、　ある県下の各市 A, B, C, …
　　［ケースⅢ］では、　同じ治療を行なう各病院 A, B, C, …

といった、それぞれのデータを集約していかなくてはならない。

　このような場合も、基本的にはベイズ統計学の考え方が通用すると期待したいが、実のところ「型」にはまらない。元の「型」を一本の幹とすると、データの部分が複数膨らんだ分、ベイズ統計学に枝と葉をつけ‘横に’張り出す拡大が求められる。このきっかけから生まれたベイズ統計学の大型版が「**階層ベイズ・モデル**」である。階層的（hierarchical）とは、ピラミッド型の多層構造（hierrarchy ハイアラーキー）をもった、という意味で、官僚組織や西欧中世の教会聖職者団などの統合のしくみがその原型である（もともと、hier-＝神聖、-archy＝統括）。専門用語では‘ハイアラーキー型’と呼ばれることも多いが、ドイツ語の和製カタカナ語では‘ヒエラルヒー’がそれに相応する。

6.1.2 ▷ 階層ベイズ・モデルの意図──ベイズ統計学の成功の証拠

　統計学に詳しい方であれば少し疑問に思うだろう。

　従来は、［ケースⅠ］は「分散分析変量効果モデル」（analysis of variance：random effect model）、［ケースⅡ］は経済統計学の「クロスセクション・データ」（cross-section data）、［ケースⅢ］は横断的「メタ分析」（meta-analysis）が本体だということもでき、すなわち「階層ベイズ・モデル」とは方法の共通部分だけに注目した単なる統合的総称に

すぎないとの見方もできる。実際、過去の成書でも「階層ベイズ・モデル」の章は本によって扱う内容も散発的でまとまりがなく、つかみづらい。とはいえ、後述する例示でわかるとおり、データの構造とパラメータの扱い方が、ベイズ統計学の枠組みの中でよくマッチしており、ひとつのモデルにされていると考えよう。

それどころか、思考を広げて複雑になった部分の事後分布の計算は、後述するMCMCを実行する「**ギブス・サンプラー**」（Gibbs sampler）を用いることで首尾よく処理できる。さらに広い分野のケースも横断的にまとめられ、信頼できる実証分析の方法として確立しており、従来の非ベイズ的推定、検定などの方法を越えた感すらある（ただし、理論のしくみや考え方が、人主導ではなくデータ主導になると、統計学が単なるデータ・ハンドリング（データ整備）に堕ち、分析も方法が「ワンタッチ式」になって、人がその方向

One point

分散分析変量効果モデル

分散分析は条件ごとに観察されたデータのグループを分析する。たとえば複数の種類の農薬ごとの収量データ（各10通り）があり、これをもとに農薬間に差があるかどうかを検定する。この場合

平均的（全体共通）効果＋各農薬（i）の効果＋その他の効果（小）

と効果を分けて分解して考えるが、2番目の効果（i）を変動しない定数と考え検定するのがふつうのアプローチである（固定効果モデル）。しかし、これら自体が変動する（たとえば各農薬の製品自体に製造時の無視できないばらつきがある）場合は、分析を詳しくしなければならず、これを変量効果モデルという。

同じデータでも、ベイズ統計学では2番目の効果を一括して「農薬効果」という**変数**としてまとめてしまい、これに確率分布を考える、というアプローチをとる。当然若干異なった結果を得る。

［参考：東京大学教養学部統計学教室編『自然科学の統計学』、松原望『ベイズ統計学総説』］

—— One point ——

クロスセクション・データ（cross-section data）

　データの取り方の形式による分類で、時間を止めた時点である範囲で取られたデータ。一例として「2018年都道府県別各高校○○○データ」「昨年度都市別各保健所受診者数」など。場所、人の集団、対象につき広く横断的に取られるので「横断面データ」の訳がある。対象を固定して、それにつき時間的に取られた「時系列データ」（time-eries data）に対する語。場所ごとに決まった平均があるとすれば、階層ベイズモデルに当てはまる。
[参考：松原望『わかりやすい統計学 第2版』]

—— One point ——

メタ分析（メタ解析）

　「メタ分析」（meta-analysis）とは、多くの（複数ある）分析研究の結果を総合して分析する研究である。つまり研究の上にまた研究がある「研究の研究」（'メタ' = 上位の）である。とくに医学の分野においては、多くの病院や医療機関にわたって分析のしかた、対照患者の違いが出やすい。そのため、メタ分析は信用できる医学研究結果を算出するいちスタイルとして注目されている。

性を想定せぬままものごとが進んでいくという弊害も出てくる危険性のことは、忘れないでいただきたい）。

　そのような視点で、次項からの例示を眺めていこう。

6.2 ▷ 階層ベイズ・モデルの使い方

6.2.1 ▷ 分散分析一元配置型の階層ベイズ・モデル
——試験の'短期対策'は本当に効果があるのか

　米国には大学進学適正試験 SAT（scholastic aptitude test）という制度がある。日本ではセンター試験がそれに近い。

いくつかの高校 A〜H では SAT 短期対策講座を実施した。対策講座を受けた者には、受けていない者に比べて当然点数アップの効果が期待されるが、各高校の対策タイプでどう結果が異なるか、また全体横断的には底上げとなっているのかどうか、本試験の点数データをもとに詳しく調べたい。

試験の点数を評価する、という視点で考えると、おなじみの'偏差値'グラフなどが脳裏に浮かぶのではないだろうか。**'正規分布'**を基礎データとして、ベイズ統計学を駆使していきたい。正規分布とベイズ統計学の基礎関係については **5.3.2** を復習すること。

まず、正規分布を前提として、各校の講座受講者の点数を考えてみよう。8 通りの講座に対して

$$平均 = \mu_A, \mu_B, \cdots, \mu_H, \quad 分散 = \sigma^2$$

を考える。

ここで、初等統計学の分散分析一元配置（変量模型）を学んだ人なら、高校のラベルの下に分類されたデータ配置を思い出すだろう（**図 6.2**）。またここで、プロなら、次のことも考えるだろう——'$\mu_A \sim \mu_H$ はバラバラでなく、試験全体の難易度の影響は $\mu_A \sim \mu_H$ の全体に共通に及ぶだろう'。つまりこれらがある共通の原因（因子）からもたらされたと考えるのが合理的である。実際、最初の出発点は **表 6.1** のデータであるが非常にばらつきが大きく、まとまった判断ができない。しかも改善ではなく悪化の結果も出ている。これは本当だろうか。

そこで **5.3.2** の基礎を思い出してほしい。それぞれの μ が、事前分布としての（別の）正規分布、

$$平均 = \mu_全, \quad 分散 = \tau^2$$

から来ているとしよう。ところがこの事前分布も正規分布であって、$\mu_全$

短期対策講座か、思い出すな。心配だから受けたけど、一発で効くのかな。でも受けないよりましか……

心理もあるしね。僕は忠犬だけど懸命に尽くしても効果がないこともあるし……。これもホープ君の心理次第か

え、そうかなー。努力にはちゃんと答えを出してるけどね

を生じる事前分布となる正規分布が再び必要になる。この考え方をするとキリがなくなってしまい、どこかで設定を天下りとする必要はあるが、とにかくこの重なりこそが**階層モデル**となる［この'事前分布のための事前分布'を「ハイパー・パラメータ」、その分布を「超（ハイパー）事前分布」ということもある（階層ベイズ・モデルでの用語であり、通常のベイズ統計学と異なる）］。

あとは μ_A, μ_B, $\cdots$, μ_H の事後分布をそれぞれの8通りの集団の点数データから求めればよい。その計算手続きはおおむね **5.3.2** と同様であるが、多少込み入っているため、式展開は割愛する（細かくいえば、$\mu_{全}$ がわからないが、これは受験者のデータの全平均を用いることですます）。

これをもとに計算を進めていくと、μ_A, μ_B, $\cdots$, μ_H の事後分布は下記のとおりになった（シミュレーションを含む。理論式計算が困難あるいは理解が難しい場合、より容易なコンピュータ上での模擬実験で代用しても大差ない結果が得られる）（**表 6.2**）。

たしかに、どの講座もおおむねプラスの効果をもつが、その程度は講座によって異なる。**表 6.2** のような五数要約では、平均位の替わりに中央値を見る。するとすべて改善になっており、また各高校の中の上位者（97.5％点）はおおむね 20〜30 点の改善、失敗した下位者（2.5％点）は

表6.1 短期対策講座：改善効果のデータ（要約）

高校	改善効果の平均	改善効果の分散
A	28	15
B	8	10
C	−3	16
D	7	11
E	−1	9
F	1	11
G	18	10
H	12	18

(Gelman, A. et al., *Bayesian Data Analysis*. second edition, p.140)

表6.2 短期対策講座の効果（$\tau = 10$）

講座	短期対策講座の効果（$\tau = 10$）				
	2.5％点	25％点	中央値	75％点	97.5％点
A	−2	7	10	16	31
B	−5	3	8	12	23
C	−11	2	7	11	19
D	−7	4	8	11	21
E	−9	1	5	10	18
F	−7	2	6	10	28
G	−1	7	10	15	26
H	−6	3	8	13	33

(Gelman, A. et al., *Bayesian Data Analysis*. second edition, p.143)

おおむね −10 点以内に収まっている。

　こうして、バラバラのデータ群から、まとまった傾向とその差を見出すことができ、'効果のある短期対策講座' を編み出していくことも可能になるのである。

6.2.2 ▷ ポアソン回帰の階層ベイズ・モデル
──降圧剤の効果をメタ分析する

　6.2.1 では、正規分布をベースとした階層ベイズ・モデルを例示した。その発展として、階層ベイズ・モデル（二項）、同（ポアソン）もある。

　たとえば、生起数がポアソン分布に従う現象としては、災害、事故、疾

病などがしばしば挙げられる。これらの場合、その期待値（および分数）のパラメータ λ が単一の値（たとえば $\lambda=1.5$ など）に決まっているわけでなく、実際にはその奥があり、ある背後の原因量（共変量）によって可変に左右され、この関係を回帰式で表現するのが一般的である。高血圧と降圧剤、またその投与の有無による死亡率のメタ分析などは、これの応用である（ただし、若干の医学的専門性が必要となるが、本書の課題として本質的ではないため、簡略化している）。このメタ分析を図示すると、図6.4のようになる。

回帰式には正規分布が用いられるため、ポアソン分布と正規分布の掛け合わせの'雑種'をとり入れた階層ベイズ・モデルとなる。また、技法の詳説は次項になるが、事後分布の算出には後述するMCMCによるパラメータ推定法を用いる。

今回は、ある疾患に対してある治療を施したグループ（治療群）と、その治療は施さなかったグループ（対照群）を比較した研究結果が12施設分（12通りの分析）集まっている、と想定して始めよう。データは、まず

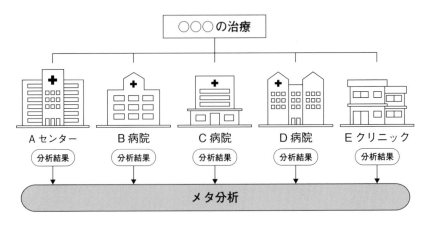

図6.4 医学分野のメタ分析（イメージ）

がんだけじゃない、脳の血管や心臓のトラブルもおとらずコワイらしい

おいしいモノばかり食べてるからでしょ、飽食の不摂生。僕には回ってこないけどね

あ、そうか。君は心配要らないわけだ

要らないっていうか、僕のことまで考えていてくれませんからね

r_t：治療群の死亡数, r_c：対照群の死亡率
n_t：患者数×年数（治療群）, n_c：患者数×年数（対照群）

の4種がある（実数は結果とともに後掲する）。そのほか、患者数×年数は死亡リスク（ポアソン分布のパラメータ）の背景を構成するがもちろん本質的リスクではなく、基底的リスク（underlying risk）が別にあるはずであり、これが死亡イベントを引き起こすと考えられる。これを「リスク率」（rate）と呼んでおこう。明らかに，治療群では対照群（baseline risk）よりも小さいはずである。よって、治療効果はリスク率の比較によることは言うまでもない（リスク率の計算は省略する）。

次に、この例では対象群に対して治療群の方が有意であると判断できるボーダーラインを問うているため、ここから先はポアソン回帰を用いて

r_t は $Po(\lambda_t)$, r_c は $Po(\lambda_c)$　　　　（ポアソン分布）

に従うと仮定する。平均 λ_t, λ_c は当然患者数に依るし、また分析方法（12通り）によって異なるから、これも考慮する。もちろん、λ_t（治療群）に

表6.3 12 例のメタ分析による死亡数×継続延べ年数（人・年）、リスク率

	治療群			対象群	
r_t	n_t	$rate_t$	r_c	n_c	$rate_c$
10	595.2	16.8	21	640.2	32.8
2	762.0	2.6	0	756.0	0.0
54	5635.0	9.6	70	5600.0	12.5
47	5135.0	9.2	63	4960.0	12.7
53	3760.0	14.1	62	4210.0	14.7
10	2233.0	4.5	9	2084.5	4.3
25	7056.1	3.5	35	6824.0	5.1
47	8099.0	5.8	31	8267.0	3.7
43	5810.0	7.4	39	5922.0	6.6
25	5397.0	4.6	45	5173.0	8.7
157	22162.7	7.14	182	22172.5	8.2
92	20885.0	4.4	72	20645.0	3.5

(Spiegelhalter, D. J. et al., *Bayesian Approaches to Clinical Trials and Health-Care Evaluation*, p.280)

はなんらかの治療効果があるであろう。そこで、治療および対照に応じて

$$\lambda_t = \log\frac{n_t}{1000} + \phi + \theta, \quad \lambda_c = \log\frac{n_c}{1000} + \phi$$

とおく。ϕ は分析の違いを示す（12 通りある）。θ がいま求めている治療効果で、言うまでもなく

$$\theta < 0 \text{ なら効果あり、} \theta \geqq 0 \text{ なら効果なし}$$

と判断できる。$\log$（対数）をとるのは、**表6.3** のように 2 桁もばらつく n の違いを緩和するための便宜と考えればいい。

　ここで、ベイズ統計学の流儀に従い、治療効果 θ には事前分布に正規分布

$$N(\mu, \tau^2)$$

を仮定し、さらに μ, τ^2 には一様分布（すべての事象の確率が一律になる分布）の超事前分布をおく。一様分布を設定する理由はすべての値が同等と仮定する以外の特定の理由がないからである。

　こうして、各定義が完了した。MCMC による結果（事後分布）は次

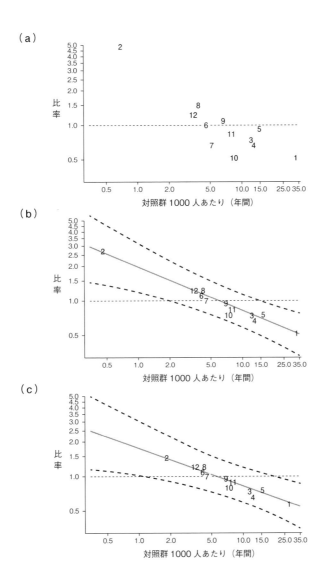

図6.5　メタ分析グラフの例

a．原データ：縦軸＝治療群リスク率/対照群リスク率、横軸＝対照群リスク率（1000人・年単位）、番号＝無作為試験（12通り）
b．結果：対照群基底レベルに独立事前分布を仮定
c．結果：同、交換可能事前分布を仮定（非独立だが置換対称）

(Spiegelhalter, D. J. et al., *Bayesian Approaches to Clinical Trials and Health-Care Evaluation*, p.281)

One point

高血圧と降圧剤

　統計分析には専門分野に入って分析することがあるが、その場合は共同研究になる。次のような知識を共有することもある。

　――高血圧にはさまざまな要因が考えられるが、恒常化してリスクが高まると、正常値の人に比べて、致命的な心疾患や脳疾患につながる割合が増える傾向にあるという。

　一方で、高血圧の診断基準は段階をおって引き下げられている傾向にあり、2018 年現在は、収縮期 / 拡張期 ＝ 140/90 以上が、高血圧とされている。そうして対象患者が幅広く増えたことにより、降圧剤による副作用に悩まされる人も増えたという報告もある。高血圧は治療しないと死亡しやすい、というわけではなく、降圧剤服用のメリット・デメリットについて、各患者ごとに慎重に検討し使用されるべきものであると思われる。――

の **表 6.3** のごとくである。今回の例では、**図 6.5** の中、下段を見て、治療は対照群のリスク率が大きいほどリスク率を低下させる効果が大きいとより正確にわかる。

6.3 ▷ 自然共役事前分布の限界

　冒頭でも述べたように、自然共役事前分布がベイズ統計学の折目正しく綺麗で正統的な考え方と方法であっても、それは数学的形式にすぎず、複雑な問題の事後分布についてはこの品のいい方法で解くことは難しい。そして実際にはそういう複雑な問題の方が圧倒的に多いのである。

　ベイズ統計学では常にそうであるように、式を立てるほかにパラメータの事前分布を適切に指定する必要があるが、このような複雑な問題に際しては、事前分布の見当（見立て）をつけることが大変難しい。さらには、事後分布が数学的式に書ければよいというわけでもなく、実際には事後分

布を事前分布から具体的に算出することも難しい。

6.3.1 ▷ マルコフ連鎖モンテカルロ法（MCMC）

このような問題に強いのが、この「**マルコフ連鎖モンテカルロ法**」
（Markov chain Monte-Carlo, MCMC）である。ベイズ統計学のテキ
ストには必ずといっていいほど記述されている）。**6.2.2** で扱った医学的問
題に立ち返りながら考えてみよう。当たり前のことだが、治療方法が成功
する・成功しないは、掌の中の硬貨が表か裏かを考えるような単純な問題
と同じには扱えない。成功確率が、患者の年齢や病気の重篤度などに依存
しているのであれば、むしろそれが本当の確率要因であり、際限がないほ
どに複雑多様である。

そこで、膨大にある事前分布の可能性について、コンピュータ上でさま
ざまに実験して求める、という手法を選択してみる。いわゆる「シミュ
レーション」に依る方法のひとつとして MCMC がある。

6.3.2 ▷ MCMC の理由

少し具体的に考えてみよう。まず、確率分布をシミュレーションせよ、
という単純な課題の場合。これは簡単である。たとえば（1/4, 1/2, 1/4）
の確率分布なら、Excel で一様乱数（0〜1 を平等にとる乱数）U を出し、
くじ引き式に

$$0 \leq U \leq 0.25 \quad \Rightarrow \quad 1, \quad 0.25 \leq U \leq 0.75 \quad \Rightarrow \quad 2, \quad 0.75 \leq U \leq 1 \quad \Rightarrow \quad 3$$

とすれば、この 1, 2, 3 は（1/4, 1/2, 1/4）の確率分布に従う。

次に、単純に人の身長シミュレーションを考えてみよう。たとえば

$$平均 = 155\text{cm}, \quad 標準偏差 = 5\text{cm}$$

の集団について、正規分布 $N(155, 25)$ の正規乱数の作成も Excel でできる。

だが、ベイズ統計学では、事前分布の確率分布をせっかく指定しても、

— **One point** —

ギブス・サンプラー

「マルコフ連鎖モンテカルロ法」（MCMC）は、コンピュータ・シミュレーションの一般的方法である「モンテカルロ法」（さいころ実験をコンピュータで高速にしたと思えばよい）を、さらに進化させた一連の方法であるが、そのMCMCを実行するためのアルゴリズム（コンピュータ用に指定した計算手続き式のまとまり）のひとつ。変数の多い積分計算で計算公式のない場合、各変数を標的に順次かつ循環的にMCMCを実行する。

「ギブス」はもともと物理学者の人名であり、多数の粒子（原子、分子）を扱うことの類似概念をコンピュータ計算に形容詞的に借用したネーミングで、本質は無関係で無視してよい。最後に、「マルコフ連鎖」は確率論の概念で、時間的に見たランダム現象（「確率過程」という）のある一群の性質を言い表わしたもの。株価、粒子のランダムな動き、賭け事の記録、雑音、などが表現される。この本質がシミュレーションに有用としてベイズ統計学の計算に応用される。

ただし、ベイズ統計学は計算法の技法に尽きるものではないことを心に留めておこう。

それが自然共役事前分布ではない場合、うまく事後分布が求められないことが多い。この場合のシミュレーション方法は、残念なことに Excel にもほかの統計学専門ソフトにもない。

このときの究極の手が「マルコフ連鎖モンテカルロ法」（MCMC）である。「モンテカルロ法」は、ランダム・アルゴリズムで求める確率分布をシミュレーションする方法のひとつであり、数学者ノイマン（J. von Neumann, 1903-1957）が公営賭博の都市モンテカルロにちなんで命名した。これは有力な方法で十分に普及しているが、MCMC は'モンテカルロ法'に'マルコフ連鎖'を適用したさらに強力なものである。概要は本章末にまとめた。

「マルコフ連鎖」は確率論の一分野であり、実はベイズ統計学とほとんど関係ない。しかし、思いがけなくパラメータ θ（**6.2.2** では治療効果に

あたる）の事後分布 $h(\theta)$ をシミュレートするための基礎サンプル作りに大変有用なのである（原理については **6.3.4** 参照）。

6.3.3 ▷ MCMC の応用事例——帝王切開手術の感染リスク

いま、MCMC の応用事例として、帝王切開手術の感染リスクを分析してみよう。感染リスクとして、今回は

x_1：手術が緊急に迫られたものか予定か（1,0）

x_2：リスク因子が分娩時に存在していたか（1,0）

x_3：抗生物質が用いられたか（1,0）

の3点に着目する。

感染リスクの定量化にこれらの原因を取り込むためにまずスコア

$$Z = \beta_0 + \beta_1 x_1 + \beta_2 x_2 + \beta_3 x_3 \qquad （これを \ \beta' \mathbf{x} \ と短く表わす）$$

を計算し、これを正規分布（標準正規分布の累積分布関数 $\overset{\text{ファイ}}{\Phi}$）を用いて

$$\Phi(\mathbf{x})：起こる \ , \quad 1 - \Phi(\mathbf{x})：起こらない$$

の x に代入して、感染の確率を算出する。β は $x_1,\ x_2,\ x_3$ の重み（重要性）を定義している。

One point

帝王切開手術（caesaruan section）

帝王切開は自然分娩に比べると母体への負担が大きく、またどうしても腹部を切開する手術であるため、肥満や高血圧などをはじめ、既往症によっては、さまざまなリスクも考えられる。術後の感染リスク防止のため、術後は点滴経由で抗生物質が投与されることが日本では主であるが、その期間は医師の判断に応じて異なる。ここではそのリスク分析をしている。

なぜ‘帝王’というかは、諸説あって確かではない。

第6章 階層ベイズ・モデルとMCMC——多段階をひとつに束ねる

ここで確率を出すのに「標準正規分布の累積分布関数」（記号 $\Phi(x)$）を使っている。これは標準正規分布である値 (x) 以下の確率、つまり $-\infty$ から x まで確率を集めた（積分した）値をいう。文字にすると長々しいが、これを x の関数としてグラフにすると**図 6.6** のようになだらかな**シグモイド型関数**（S 字状の関数で、第 9 章のニューラル・ネットワークで主役を務める）があらわれる。x が増えるほど確率が 0 から 1 に向け限りなく高くなる（ただし、0, 1 にはならない）。この性質から、x にいろいろな現実の関数の式の数値を代入することで現象への実用に応用される。Φ に代入するスコアの係数の決め方という課題はあるが、これを「**プロビット分析**」という（ロジスティック分布を使った「ロジット分析」もあり、これと比較されることも多い）。

　β を通常の統計学で推定するのは無理であるが、ベイズ統計学のシミュレーションならば可能になる。データは下の**表 6.4** の通りで、表中 b/a は a 例中 b 例でリスクがあったことを示す。以下、各行の x の並びを **X**、切開時のリスクの有無（1,0）を **y** とする。ここではパターンで分類しているが全ケースを表示すれば a の和で 251 行となる。この段階はレベル

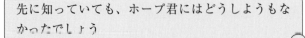

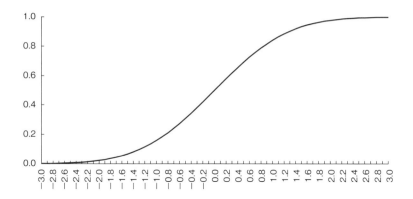

図 6.6 標準正規分布の累積分布関数 Φ（シグモイド型関数の一例）
0.0 あるいは 1.0 に触ってはいない。

表 6.4 帝王切開手術：基礎データ（抜粋）

y(b/a)	x_1	x_2	x_3
11/87	1	1	1
0/17	0	1	1
0/2	0	0	1
23/3	1	1	0
28/30	0	1	0
0/9	1	0	0
8/32	0	0	0

（Press, S. J., *Subjective and Objective Bayesian Statistics: Principles, Models, and Applications*. 2nd Edition, p.123）

が高いので、とばして結論に行ってもよい。

したがって β の尤度は、$\mathbf{X}, \mathbf{y}$ を取り込んで

$L(\beta|\mathbf{X}, \mathbf{y})$
$=[\Phi(\beta'\mathbf{x}) \text{ の } y=1 \text{ のケースの積}] \times [1-\Phi(\beta'\mathbf{x}) \text{ の } y=0 \text{ のケースの積}]$

となる。さて、$\beta=(\beta_0, \beta_1, \beta_2, \beta_3)$ に事前分布を設定するが、それぞれ独立な、正規分布 $N(0, 10)$ とする。MCMC によるシミュレーションの初期分布であるから、それほど厳密に考えなくてよい（この MCMC のマルコフ連

表6.5 帝王切開手術：結果

| | 事前分布 | | 事後分布 | | |
	平均	標準偏差	平均	標準偏差	（下限点，　上限点）
β_0	0.000	3.162	-1.080	0.220	$(-1.526, -0.670)$
β_1	0.000	3.162	0.593	0.249	$(\ \ 0.116, \ \ 1.095)$
β_2	0.000	3.162	1.181	0.254	$(\ \ 0.680, \ \ 1.694)$
β_3	0.000	3.162	-1.889	0.266	$(-2.421, -1.385)$

(Press, S. J., *Subjective and Objective Bayesian Statistics: Principles, Models, and Applications.* 2nd Editont, p.129)

鎖に採用された提案分布はランダム・ウォーク密度である）。MCMC を 100 回くり返し安定させた（焼き入れ、burn in）あとの β_0, β_1, β_2, β_3 の推定値は以下のとおりとなる（**表6.5**）。標準偏差、四分位点までが出ることが特色である。

　よって結論として帝王切開時の感染リスクの確率は、スコア

$$Z = 0.593 \times （緊急か計画か）$$
$$+ 1.181 \times （リスク因子の現在の有無）$$
$$- 1.889 \times （抗生物質の使用の有無）- 1.080$$

を計算し、正規分布表を参照して求められる。したがって、予定された手術で $(x_1=0)$、とくに健康上のリスクがなく $(x_2=0)$、計画的に抗生物質も予防的に投与されたとして $(x_3=1)$、感染リスクを計算してみよう。代入してみると

$$Z = -1.110 \quad から \quad \Phi(-1.110) = 0.134$$

であって、感染症リスクの確率は 13.4％となる。

付記 ▷ MCMC の原理早わかり──「マルコフ連鎖」を学ぶ

　テレビを見ていると、毎日といっていいほどビールの CM が流れている。最近は'ビール離れ'なども話題になっているようだが、まだまだ

日々の晩酌に'とりあえずビール'と思っている人も多いのではないか。飲み手にもさまざまあり、1つの銘柄をこよなく愛す人もいれば、ときどき違う銘柄を試したいという人もいるだろう（**図6.7**）。このような'移り変わり'の確率論のモデルが「確率過程」（stochastic process）、そのうちでもその中心に「マルコフ過程」（Markov process）がある。ことによく応用される「マルコフ連鎖」を連修してみよう。いま、トップシェアを争っている2種類のビールに対象を絞って考えてみよう。

◇マルコフ連鎖の極限分布の不思議

ビール1とビール2はトップシェアを争っており、銘柄の乗り換えもお互いに激しい。乗り換えの確率については、ある測定期間ごとにおおよそ

　　ビール1 → ビール1　　確率 1/2
　　ビール1 → ビール2　　確率 1/2
　　ビール2 → ビール1　　確率 1/3
　　ビール2 → ビール2　　確率 2/3

と変化している。これを、マトリックス（行列）で、横方向（行方向）に配して

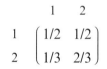

図6.7 ビールの選択はランダム性が高い

ビールを飲んでもいい年齢になったけど、飲んでないな

なんで？

全部同じように苦く感じる。お父さん、時々飲むビールが変わるけど

飽きるんだよ。でもいくら変えても元に戻って、結局変わらなくなるんじゃない？

と表わす［行列は残念ながら高校数学から姿を消したが（2018年現在）、大変便利な基礎数学のひとつである］。このような確率的変化プロセスを「**マルコフ連鎖**」（Markov chain）という。

　一見して、ビール1からビール2に替える確率よりも、ビール2からビール1に替える確率の方が高いため、ビール2が不利で、ゆくゆくは市場から駆逐されそうに感じるが、実はそうとは限らない。たとえば、現在のシェアが2：3であるならば、変化後のシェアは、意外にも

$$\text{ビール1：} \quad 2(1/2)+3(1/3)=2$$
$$\text{ビール2：} \quad 2(1/2)+3(2/3)=3$$

となり、**シェアは永遠に変わらない**。なぜなら、ビール1はビール2に比べてシェア（母数）が少ないので、流出数もむしろ少なく、かつ、シェアの多いビール2からの流入数によって新たなシェアが得られるのである。この比の確率（2/5, 3/5）をマルコフ連鎖の「**定常分布**」（あるいは「**不変分布**」）という。行列の計算式で表わすと

$$(2/5,\ 3/5)\begin{pmatrix}1/2 & 1/2 \\ 1/3 & 2/3\end{pmatrix} = (2/5,\ 3/5)$$

であることに注意してほしい。

　さらに面白いのは、試しに最初（50%, 50%）のシェアからシミュレーションを始めると、最初はビール 1 のシェアが徐々に減るが、結局のところその減少は止まり

$$(50.0,\ 50.0) \rightarrow (41.7,\ 58.3) \rightarrow (40.3,\ 59.7) \rightarrow \quad \cdots \rightarrow (40.0,\ 60.0)$$

のように、ついにこの 2 : 3 の確率 $(2/5,\ 3/5)$ に収束し動かなくなることである。つまり、この場合、定常分布が極限分布になっている（極限分布は定常分布であるが、逆は必ずしも真ではない）。

◇メトロポリス−ヘイスティングス法

　すると、いまの（1/2, 1/2）の確率からこの極限分布 (2/5, 3/5)＝(0.4, 0.6) が出て来たが、逆に指定した定常分布に収束する（極限分布になる）ように介入してマルコフ連鎖を操作できないか、という発想が浮かぶ。これは使えそうである。ただし、シミュレーションでそもそも収束するかどうかについては、ただちには保障できないため、収束の条件が別に必要である。

　もしこの操作ができれば、ベイズ統計学において計算が難しい事後分布（h(・) としておく）についても、コンピュータ上のシミュレーション実験を行ない、極限分布で（いずれは）作ることができ、その期待値計算などベイズ統計学の応用範囲が飛躍的に広がることは確かである。

　実は、そのアルゴリズムこそが、「**メトロポリス−ヘイスティングス法**」（Metropolis-Hastings algorithm、M-H アルゴリズム）である。

◇ **MCMC では「個別バランス条件」を成り立たせる**

　この例ではビール 1 とビール 2 の間（もし多数あっても、すべての x, y の間）で現在のシェアから

$$x \to y \text{ と移動する人数 } = y \to x \text{ と移動する人数}$$

が全過程中で成立していれば、シェアは変動せず現在のシェアが定常分布である。

よって、1つのマルコフ連鎖をとっておく。これを候補（candidate）あるいは提案分布（proposal density）という。それを次のように操作する。分布 h(　) が指定されているとし、モンテカルロ・シミュレーション中で、x, y の間で条件

$$(\#) \qquad h(x)P(x \to y) = h(y)P(y \to x)$$

がおおよそ成り立つようにその都度強制介入する。具体的には、いま x 側にいるとして y の値が出たとき、上式 (#) で、

i) （左辺）＜（右辺）なら x → y は y → x より少なく、＝ にするために y を認めて y の量 h (y) を増やす

ii) （左辺）＞（右辺）なら x → y が y → x より大きく、＝ になるような適正な割合で、y を認めあるいは認めないことで、h(y) を減らす

という介入をしていく。提案分布は次第に変形して i), ii) に合うようになっていく。実際、例示のマルコフ連鎖では、この条件は h(　) として (2/5, 3/5) に対し成立している。確認してほしい。

このようにして、(#) でいう「個別バランス条件」['詳細つり合い' (detailed balance) 条件ともいう] がシミュレーション過程中で成り立つようにマルコフ連鎖に介入するのが MCMC であり、これが MCMC の作動原理である。提案分布は原則的に何でもよいが、MCMC の効率に影響を与える。

― One point ―

メトロポリス - ヘイスティングス法（M-H アルゴリズム）

　MCMC の中でも代表的なこのアルゴリズムは、1953 年にボルツマン分布のための特殊形で発表した物理学者メトロポリス（N. Metropolis, 1915-1999）と 1970 年にそれを一般化した統計学者ヘイスティングス（W. K. Hastings, 1930-2016）にちなんで命名された。なお、ギブス・サンプリング法は M-H アルゴリズムの特殊形であり、応用範囲は狭まるものの、一般化されたものより高速かつ簡易に利用することができる。本来は物性物理学のシミュレーション技術だが、ベイズ統計学とは馴染みが深い。

Memo

Memo

第6章 階層ベイズ・モデルとMCMC——多段階をひとつに束ねる

第 7 章

バイオインフォマティクスと
ベイズ統計学

遺伝暗号を解読する

第7章

バイオインフォマティクスとベイズ統計学
——遺伝暗号を解読する

7.1 「ゲノム」を知る

　遺伝学（genetics）とベイズ統計学が密接な関係にありそうなことは、第3章のアイリスの例で感じ取ったかと思うが、いま話題の「ゲノム」についても、ベイズ統計学が用いられているため、その例を紹介しよう。

　前書きとして、ゲノムの基礎知識から始める。分析にはこの程度は常識である。もちろん本書はその分野の専門書ではないため、つとめて簡略、平易な解説を基としている。そのため、専門用語のいくつかについて章末に概説したので、必要に応じて参照してほしい。

7.1.1 バイオインフォマティクスの定義

　ヒトの体は約60兆個の細胞から成り立っているといわれ、これらの細胞はみな同じゲノムをもっている。「ゲノム」（genome）*とは主に、細胞核中にある染色体もしくは遺伝情報の全体を指す言葉であり、複数の塩基対で成り立っている。ところが、ヒトゲノムの塩基対数は約30億ときわめて多く、その全体像の把握は当然、統計的方法なしでは、そしてコンピュータ・サイエンスの助けなしでは、事実上不可能である。

　*染色体（chromos*ome*）を遺伝子 gene に転用した造語。関連してタンパク質（protein）の総体を「プロテオーム」（prote*ome*）、とくに転写酵素の総体を「トランスクリプトーム」（transcript*ome*）と称する。また、ゲノムの分析研究を「ゲノミクス」（genomics）、さらにこれら proteome, transcriptome などのバイオインフォマティクス研究を総称して「オミックス」（omics）という。

このゲノムを統計的方法で解析する領域こそが、今日の先端領域のひとつといわれる「バイオインフォマティクス」（bioinformatics）である。もう一語となっているが、語源を見てみると、*bio*（生物の、生-）＋*informatics*（情報学）という語源構成であり、どのような学際領域か、ごくおおまかには想像されるだろう。ただ、厳密な定義は見出しがたいので、端緒として Wikipedia（*en*, bioinfomatics：2018 年 2 月時点）を眺めてみる。実際、先端的といわれる用法よりは、広い範囲の内容をもっていることがわかる。

> "生物学的データを解明するための方法およびソフトウエア・ツールを展開している学際領域。諸科学の学際領域としては、生物データを分析し解釈を与えるコンピュータ・サイエンス、統計学、数学および工学の複合領域であって、もともとはコンピュータ・サイエンスの方法で（*in silico**），生物学上の課題を統計学、数学を援用して分析する分野であった。
>
> 同時に、生物学研究でコンピュータを用いる方法論の総称として、とりわけ最近はゲノム分野の個別分析におけるある種の共通語として使われるようになっている。主に、遺伝子の同定や一塩基多型（SNP）の特定などが対象である。"

＊ *in silico*：（シリコン）半導体内で、の意。*in vitro*（ガラス）試験管内で、*in vivo*（生命）生体内で、*in situ*（位置）各部位で、などと同類のラテン語科学用語。

7.1.2 ▷ ゲノムの統計的諸元と AI

統計学者は大きな量には職業上驚かないものであるが、それでもゲノムデータは（ヒトに限らず）きわめて大量、大数の情報の集合体である。先ほど、ヒトの塩基対は約 30 億対あると書いたが、この数は例えば、全世界の人口約 76 億人（2017 年 6 月時点）の約半数を調査するに匹敵す

表7.1 生物別ゲノムサイズ（塩基対数）、遺伝子数のデータ（抜粋）

	生物種	塩基対数	遺伝子数	補足
原核生物				
枯草菌	Bacillus subtills	4,214,814	4,779	分子生物学でよく扱う
大腸菌	Escherichia coli	4,639,221	4,485	同学で最も重宝している
真核生物				
酵母	Saccharomyces cerevisiae	12,495,682	5,770	真核生物初のゲノム全解析
線虫	Caenorhabditis elegans	100,258,171	19,099	
シロイヌナズナ	Arabidopsis thaliana	135,000,000	25,498	
キイロショジョウバエ	Drosophila melanogaster	122,653,977	13,472	果実の害虫
ヒト	Homo sapiens	3,300,000,000	23,000	

(Lesk, A. M., *Introduction to Genomics.* 3rd ed., p.240、『理科年表』平成22年版

る。ヒトは自身の中に「世界」と並ぶ多様性をもっているともいえ、どの生物においても同様である。この解析に統計学が有効である理由もそこにある。とはいえ、古典的方法だけでは十分ではない。さらに、疾病の遺伝子起源の探究において、膨大な情報を研究者に代わって取り扱うということの中に、医学研究におけるAI利用という視点も含まれている。これを担っているのがベイズ統計学である。

その心構えとして、**表7.1**にゲノムサイズ（塩基対数）、遺伝子数のデータを挙げておこう。

7.1.3 ▷ 遺伝子の発現と疾病

1985年頃より、「国際ヒトゲノム計画」が始まり、2003年にヒトゲノムの全解析が完了した（**図7.1**）。その結果、ゲノムは、タンパク質をコード（暗証を指定）する'コーディング領域'と、それ以外の'ノンコーディング領域'に分かれており、「遺伝子」*（gene）として働いているのは、コーディング領域全部とノンコーディング部分のごく一部と判明した。ゲノム全体の塩基対は約30億対あるが、数万対などという単位で'1つの遺伝子'を形成している。ただし、そのすべてが「遺伝子」の役割をもっているわけではない。ヒト遺伝子は約22,000個と推定されており（個人差もあり現在も探究が続行中である）、データとしては十分に膨大な量で

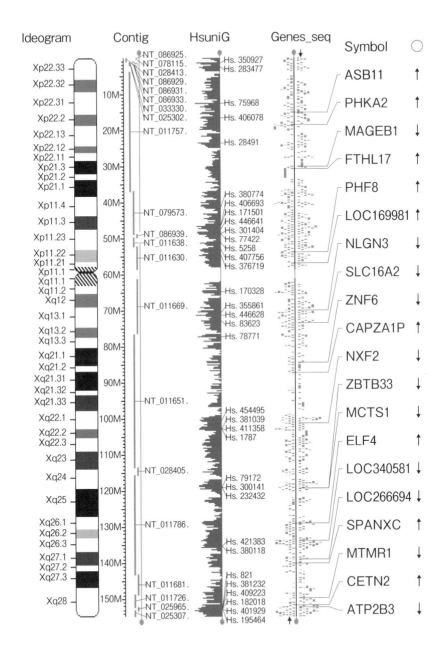

図7.1 ヒトゲノムX（性）染色体
(NCBI：http://www.ncbi.nlm.nih.gov/ をもとに作成)

ある。

*「遺伝子」は初期には概念（考え方）であって、実態は未知であった。

さて、遺伝子は生物体内のさまざまな場所のさまざまな機能を司っており、遺伝子ごとに「スイッチ」の入り方が異なる。スイッチが「オン」になることを「遺伝子の発現」という。遺伝子発現情報からの機能予測の一例を**表7.2**に挙げる。

「発現」すると、タンパク質を合成するための mRNA への転写（もしくはノンコーディング RNA の合成）が行なわれる。この mRNA が細胞内にあるかどうかの判定は、DNA チップ（DNA マイクロアレイ）と呼ばれる最近の計測技術を用いて効率的に行なうことができる［「アレイ」（alley）とは、整然と並んだ列をいう］。詳しい説明はしないが、マイクロアレイは小さな小部屋（セル）が整然と並んだプレートになっており、その一部屋ごとに DNA プローブと呼ばれる、ある遺伝子を特定づけることのできる DNA のセットが入るようになっている。

この DNA マイクロアレイを用いて、何千もの遺伝子の発現量をモニターすることで、たとえばがん細胞が生まれていないか、などを調べることも可能である。このように、先天的・後天的問わず、疾病診断を行なうというのもヒトゲノム解析の大きな目的のひとつである。

表7.2 遺伝子発現情報からの機能予測の一例

	肝臓	心臓	脳	肺	腎臓	胃	腸
遺伝子A	350	25	0	10	30	5	300
遺伝子B	0	0	10	10	250	20	40
遺伝子C	0	0	500	0	0	0	0
遺伝子D	400	20	0	5	20	10	300

遺伝子 C は脳の機能と関係していることがわかる。また、遺伝子 A と D は全部位での発現情報が類似していることから、なんらかの関連性があると推察される。
（東京大学綜合研究会編『ゲノム——命の設計図』p.107 をもとに作成）

7.2 がん遺伝子の発現 ──発現量データのプロビット回帰分析

がん細胞は、正常細胞遺伝子の変質・破損によって、がん遺伝子が作られることで発現する。がん遺伝子は、たいていの場合、「スイッチ」が常に「オン」の状態になっており、際限なく同質のがん細胞をコピーし続け、周囲の正常細胞を圧迫したり、臓器の正常機能が保てないほど増殖する。

その原理に着目し、ヒトゲノムの解析が終わった後の2010年には、消化器系がんに対するDNAマイクロアレイを用いた血液検査が、腫瘍マーカーよりも感度の高い結果を残したという論文も発表されている（Honda, M. et al., Differential gene expression profiling in blood from patients with digestive system cancers. *Biochem Biophys Res Commun* 400(1): 7-15, 2010）。

それでは、ようやく統計学の本らしく、DNAマイクロアレイの遺伝子データから、どのようにがんになる確率を分析（疾病予測）をするのか、「**プロビット回帰分析**」という手法を用いて説明しよう。

7.2.1 マイクロアレイデータを整理する

予測疾患は大腸がんとし、手元にあるマイクロアレイサンプル i について、次のように設定する。

n：　サンプルサイズ（マイクロアレイのセル数）

$Y_1, Y_2, \cdots, Y_n$：　反応変数　で

$\quad Y_i = 1$：　疾病の組織,　$Y_i = 0$：　正常な組織

であり

$\quad X_{ij}$：　サンプル i における第 j 遺伝子の発現量（全体を X）

すなわち、**表7.3**のデータが得られている。

目的は $X = (X_1, X_2, \cdots, X_p)$ から、i が疾病である確率

$$P(Y_i = 1 \mid \mathbf{X})$$

を求めることであるが、ここで P は**プロビット・モデル**（probit model）

$$P(Y_i = 1) = \Phi(\beta_1 X_1 + \beta_2 X_2 + \cdots + \beta_p X_p)$$

を仮定する。パラメータ $\beta_1, \cdots, \beta_p$ が推定されたとして、（　）内の量（スコア）を計算し、標準正規分布表 $\overset{\text{ファイ}}{\Phi}$ を参照し、確率を算出する。これを「プロビット回帰分析」（probit analysis）という。これと似た回帰分析としてロジット回帰分析（ロジスティック回帰）がある。

　図7.2 の Φ のグラフ（**図6.6** と同じ）を見てほしい。この縦の高さが $Y_i = 1$ の（疾病の組織である）確率である。あくまで確率であって、そう決まったわけではない。しかし、0 か 1 かに決めるのであれば、このケースでは 確率$> \dfrac{1}{2}$ だから $Y_i = 1$ であるといえる。実際、0, 1 のデータがあるため、逆算してうまくスコアの $\beta_1, \beta_2, \cdots, \beta_p$ を定めることができる（プロビット・モデルの実施）［プロビット・モデルの説明は、たとえば、東京大学教養学部統計学教室編『自然科学の統計学』8 章、p.234 以下を参照のこと］。

　問題はその $\beta_1, \cdots, \beta_p$ の推定方法である。遺伝子（**DNA** プローブ）の個数があまりに多いため、すべての $X_1, X_2, \cdots, X_p$ に対して、$\beta_1, \beta_2, \cdots, \beta_p$ を推定することはできないから、効力のある **X** を選ぶことになる。しかし、やはり p が大きいため、重回帰分析でよく用いられる変数選択

表7.3 マイクロアレイのデータ

	第 1 遺伝子	第 2 遺伝子	$\cdots$	第 p 遺伝子
Y_1	X_{11}	X_{12}	$\cdots$	X_{1p}
Y_2	X_{21}	X_{22}	$\cdots$	X_{2p}
$\vdots$	$\vdots$	$\vdots$	$\ddots$	$\vdots$
Y_n	X_{n1}	X_{n2}	$\cdots$	X_{np}

……お父さんが、来年の検診でがんだったらどうしよう……

心配しすぎはよくないけれど、不安に思うのはしかたがないよね

みんながもっと早くがんに気づける方法って、まだないのかな

犬のがんも早く見つかるようにしてくださいよ

(variable selection) の方法はほとんど不可能である。ただ、ベイズ統計学によるならば方法はありそうである。

7.2.2 ▸ 遺伝子選択の事前分布に階層ベイズ・モデルを用いる

　ベイズ統計学の流儀に従い、第5章で述べたごとく、パラメータ $\beta=(\beta_1, \cdots, \beta_p)$ の事前分布として正規分布をとることから始める。ただし、すべての遺伝子が疾患（この場合は大腸がん）の決定に関わるとは限らず、関わるとしても同程度とも限らない。それぞれ関わる（選択される）、関わらない（されない）の分類を1, 0とし

$$(1, 0, 1, 0, 0, 1, 0, 1, 1, 0, \cdots, 1) \quad (\text{p 個})$$

のような選択パターンごとに事前確率を決めておく必要がある。

　この選択パターンはすべてで 2^p 通りある。この0と1のp個の組み合わせを長々と表示するのは大変であるため、"γ" と代表的に表示して、1になっている β や X を集め β_γ, X_γ で表わす。たとえば、$\gamma=(1, 0, 1, 0, 0, 1, 0, 1, 1, 0, \cdots, 1)$ なら

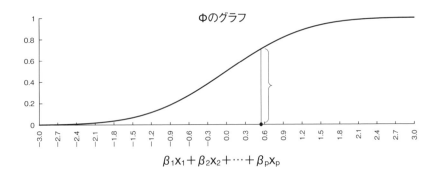

図7.2 プロビット・モデル
この図は図 6.6 でも紹介した。横軸上の量の大きさで確率が決まる。

$$\beta_\gamma = (\beta_1, \beta_3, \beta_6, \beta_8, \beta_9, \cdots \beta_p), \quad X_\gamma = (X_1, X_3, X_6, X_8, X_9, \cdots X_p)$$

という具合になる。いったん選択のしかた γ が決まれば、パターン γ に対し選ばれた β_γ の事前分布は、多次元正規分布

$$N(0, (X_\gamma' X_\gamma)^{-1})$$

の形をとる。重回帰分析で知られるようにこれは β_γ の分散・共分散行列に対応している（多次元正規分布を知らない読者は、'正規分布が組み合わさった分布' くらいに考えておけばよい）。γ によるから正規分布の組み合わせは何通りもあり、それが一度に入ってくるため「混合正規事前分布」(mixture of normal prior) という。

γ は 2^p 通りあるからその数は膨大で、起こりやすいものだけを選ぶことになった。ここで '起こりやすさ' の指定は、( ) の p 通りの各 k 番目について確率 π_k（たとえば $\pi_k = 0.002$ などのように値は小さめにとるとよい。小さい方が選択される遺伝子が限られて都合がよい）で総和が 1 となるようにする。たとえば

$$\pi_1 = 0.002, \ \pi_2 = 0.003, \ \cdots, \ \pi_p = 0.005$$

などのようにとる。概説のためになるべくわかりやすく説明したが、いろいろな推定が'混合'していて、これまでの例のようには簡便ではない。

このように、モデルにふさわしい事前分布は組み立てられたが、実際の計算はどう考えても大変である。このようなときこそ、第6章で学習した階層ベイズ・モデルが有効となる。なぜなら、階層ベイズ・モデルで混合正規事前分布の場合には、MCMC法が事後分布の計算に使えるからである。これ以後はレベルが高くなるので割愛し、結果に行こう。

7.2.3 ▷ 実際例：大腸がんのマイクロアレイ分析結果

最後に、実際に出ている分析結果の一例を紹介する。

疾病は大腸がん、マイクロアレイのサイズ＝6500以上（ただし、発現量を上位2,000遺伝子に限定）、推定のためのデータ（トレーニング・データ）は42、テストデータは20に分割して、クロス・バリデーション（42からの結末を20でテスト）を行なった。

MCMCによる事後分布サンプル中の頻度上位50遺伝子、つまり大腸がん細胞と正常細胞の差が顕著であった上位50遺伝子の一部を**表7.4**に示す。

表7.4 大腸がん細胞と正常細胞の差が顕著な遺伝子上位 50 件 （抜粋）

順位	遺伝子記号	遺伝子説明	頻度
1	H08393	コラーゲンα2（XI）鎖	0.932
2	M19311	ヒトカルモジュリン mRNA	0.916
3	H17897	ATP, ADP 搬送タンパク質、繊維芽同型	0.910
4	X12671	ヒトヘテロ核リボ核酸タンパク質遺伝子	0.892
5	R85558	無機ピロフォスファターゼ	0.872
6	control	制御遺伝子	0.848
7	H49870	MAD タンパク質	0.832
8	T68098	α-1-抗キモトリプシン前駆物質	0.786
9	M16029	ヒトチロシンキナーゼコード化レトロ mRNA	0.756
10	T57079	高親和性免疫グロブリン gFc 部レセプター IA 型	0.738
		⋮	
		（中略）	
		⋮	
41	X53461	ヒト上流制限因子（hUBF）mRNA	0.264
42	X77548	ヒト RET 融合遺伝子（RFG）cDNA	0.260
43	H69819	転写サブユニット I 一般負規制子	0.258
44	X81372	ヒトビフェニルヒドロラーゼ関連タンパク質 mRNA	0.256
45	X55177	ヒトエンドセリン 2ET-2mRNA	0.254
46	H89092	ヒト 17-β-ヒドロキシステロイドデヒドロゲナーゼ	0.252
47	R39681	ヒト真核生物開始因子 4g	0.252
48	M55422	ヒトクリュッペル関連ジンクフィンガータンパク質（H-plk）mRNA	0.234
49	L34840	ヒトトランスグルタミナーゼ mRNA	0.224
50	X69550	ヒトグアノシンジフォスフェート（GDP）分解阻害因子 1 mRNA	0.220

Veerabhadran Baladandayuthapani ほか著，岸野洋久訳「マイクロアレイの解析のためのベイズ法」（D.K. デイ，C.R. ラオ編 繁桝算男，岸野洋久，大森裕浩監訳『ベイズ統計分析』p.749）参照、『ステッドマン医学大辞典　改訂第 4 版』をもとに直訳した。

―― One point ――

ゲノム関連用語リスト

詳細は後述出典を参照のこと。

ゲノム（genome）

ある生物がもつ、遺伝子情報全体を指す（**図 7.3**）。

遺伝子（gene*）

当初、生物の示す遺伝現象を説明するため仮想的に導入された概念。今日では、物質的実体として、ひも状らせんの DNA 分子上の各部分領域であり、多数が並んでいる（**図 7.3**）。

染色体（chromosome）

真核細胞の核の中にあるひも状の構造。ヒトの場合、常染色体 22 種 44 本および性染色体 2 本の、計 46 本が存在する。性染色体は女性は XX、男性は XY である。22 種類の常染色体 22 本と性染色体 1 本の計 23 本の染色体が 1 組を作っており、1 組は母親から、1 組は父親から子へ伝えられる。chromo（色）＋some（実体）の原義を邦訳に移した語（**図 7.3**）。

遺伝子座（locus）と対立遺伝子（allele*）

遺伝子座は染色体（またはゲノム）上である遺伝子の決められた位置を指す。また、染色体は 2 つの姉妹染色分体（父親から来た 1 つと母親から来た 1 つ）が 1 対となっているため、同じ位置にあって対になる遺伝子のことを対立遺伝子と呼ぶ。

たとえば、豆の形を決める遺伝子座の場合、A（これがあると形は丸くなる）および a（これのみすなわち aa の場合、形はしわになる）の 2 種類の対立遺伝子が座る。対立遺伝子には同型（homozygote*）と異型（heterozygote*）の 2 種類がある。

DNA（deoxy-ribo-nucleic-acid、デオキシリボ核酸）

染色体の分子レベルの物質的実体の化学名。「二重らせん」の項参照。

二重らせん（double helix）

DNA の構造。「ヌクレオチド」（nucleotide）と呼ばれる 4 種類アデニン

第7章　バイオインフォマティクスとベイズ統計学 ―― 遺伝暗号を解読する

147

(A)、シトシン (C)、グアニン (G)、チミン (T) を基本単位とする直線状のつながりであり、2本が絡まってらせん構造をとる。形成時に A は T、C は G と互いに、はしご状に結合する。これを「塩基対」(えんきつい) という。二重らせんは直線上につながったヌクレオチド鎖が塩基対ではしごのように対合したものである。

図7.3 に見るように、ヌクレオチドの構成部分は各 A, C, G, T、糖類 (五炭糖)、P (リン酸) であって、正確には A, C, G, T は「塩基」(base) をいう。

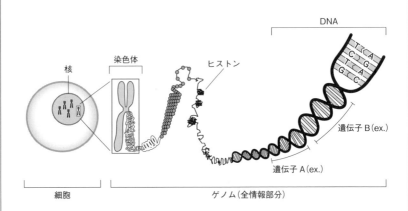

図7.3 染色体、遺伝子、DNA、ゲノム
染色体は本、DNA はページまたは印刷技術、塩基対はインクまたは文字、遺伝子は重要な記述、ゲノムは本に書かれている言葉すべて、と例えることもできる。

塩基配列

配列の各部分は個別の働きをもち、'遺伝子' として働き、生物の性質の多様性を担い、かつそれ自体は不変として親から子へ伝えられる。二重らせん構造によって塩基配列が決まると変化しにくく、遺伝子の不変性がよく説明される。

ゲノム・プロジェクト (genome project)

遺伝子がどのように生物のさまざまな構造を決めているかの解明を最終目的として、まず遺伝子 (すなわち塩基配列) がタンパク質の構造を決定するプロセスを解析する計画。

国際ヒトゲノム計画は、二重らせん構造を発見したワトソンらの呼びかけに応じる形で、DOE (United States Department of Energy、米国エネルギー省) の計画として 1985 年頃より発足し、2003 年にヒト全塩基配列決定の完全版を発表した。

mRNA への転写 （**transcription to messenger RNA**）

　RNA は正式化学名 ribo-nucleic-acid で DNA と非常に似た 1 本の直鎖状分子である。RNA は DNA から塩基対の原理（DNA では A は T、C は G に、ただし RNA では U ウラシルが T に入れ替り A は U に）に従って DNA から転写された '（文字通りの複写コピーではない）コピー' であって、この RNA に従ってアミノ酸（タンパク質の構成要素）が作られる（次項）。遺伝子（DNA）がタンパク質の構造を決定する情報を RNA に伝えるので、'messenger'（伝令）RNA、略して mRNA といわれる。

アミノ酸配列とコドン （**codon**）

　mRNA 上の連続 3 個の塩基配列（sequence）によって 20 種類の各アミノ酸が決定され、mRNA 上の塩基配列がアミノ酸配列へあたかも言語のように「翻訳」（translation）される。この 3 塩基の並びを「コドン」（codon）という。語源は、塩基配列を '暗号文' に見立て、その要素である 'コード'（code）に由来する。コドンは全部で 4 × 4 × 4 = 64 通りあり、アミノ酸 20 通りを指定するには十分であるといえる（**付表 1**）。

タンパク質 （**protein**）

　元来は '蛋白質' と記し、化学的には多種類のアミノ酸が要素として直線状につながったもの（重合体）の総称である。生物体の中に多量に存在する点で糖類、脂質と同様であるが、特別な位置を占め、生命の中核を担っている。

　ⅰ）酵素としての触媒機能（常温常圧で起こりえない化学反応を促進）

　ⅱ）生物体を作る構造的作用

　ⅲ）情報の受け渡しに関わる情報分子としての機能

　一本鎖の高分子であるが、形状としては折りたたまれて（folding）複雑な 3 次元構造をとる。構成するアミノ酸の種類は**付表 1** に掲げた 20 通り。

出典：

　Lesk, A. M., *Introduction to Genomics.* 3rd ed.

　東京大学綜合研究会編『ゲノム──命の設計図』

　クラムほか著，湯川泰秀ほか訳『基本有機化学』

　　引用の責任は引用者にある。また、＊を付した項は Lesk により古典遺伝学の用語として掲げられた語である。

付表1 真核生物の標準遺伝暗号と 20 種類のアミノ酸

「コドン」については、用語リスト参照のこと。

コドン	アミノ酸	コドン	アミノ酸	コドン	アミノ酸	コドン	アミノ酸
ttt	Phe	tct	Ser	tat	Tyr	tgt	Cys
ttc	Phe	tcc	Ser	tac	Tyr	tgc	Cys
tta	Leu	tca	Ser	taa	停止	tga	停止
ttg	Leu	tcg	Ser	tag	停止	tgg	Trp
ctt	Leu	cct	Pro	cat	His	cgt	Arg
ctc	Leu	ccc	Pro	cac	His	cgc	Arg
cta	Leu	cca	Pro	caa	Gln	cga	Arg
ctg	Leu	ccg	Pro	cag	Gln	cgg	Arg
att	Ile	act	Thr	aat	Asn	agt	Ser
atc	Ile	acc	Thr	aac	Asn	agc	Ser
ata	Ile	aca	Thr	aaa	Lys	aga	Arg
atg	Met	acg	Thr	aag	Lys	agg	Arg
gtt	Val	gct	Ala	gat	Asp	ggt	Gly
gtc	Val	gcc	Ala	gac	Asp	ggc	Gly
gta	Val	gca	Ala	gaa	Glu	gga	Gly
gtg	Val	gcg	Ala	gag	Glu	ggg	Gly

a：アデニン（adenine）、c：シトシン（cytosine）、グアニン（guanine）、チミン（thymine）

＊略称一覧

グリシン	Glysine	Gly	フェニルアラニン	Phenylalanine	Phe
アラニン	Alanine	Ala	チロシン	Tyrosine	Tyr
セリン	Serine	Ser	アスパラギン酸	Asparagic cid	Asp
システイン	Cysteine	Cys	グルタミン酸	Glutamic Acid	Glu
スレオニン	Threonine	Thr	ヒスチジン	Histidine	His
プロリン	Proline	Pro	アスパラギン	Asparagine	Asn
バリン	Valine	Val	グルタミン	Glutamine	Gln
ロイシン	Leusine	Lys	リシン	Lysine	Lys
イソロイシン	Isoleusine	Ile	アルギニン	Arginine	Arg
メチオニン	Methionine	Met	トリプトファン	Triptophan	Trp

(Lesk, A. M., *Introduction to Genomics*. 3rd ed., p.7)

付表2 ウサギβ-グロビン mRNAの塩基配列およびアミノ酸配列（抜粋）

'GUG' などのコドンについては付表1参照のこと。

通し番号 / アミノ酸 / コドン

START … — AUG

1	2	3	4	5	6	7	8	9	10	11	12	13	14	15	16	17	18	19	20
Val	His	Leu	Ser	Ser	Glu	Glu	Lys	Ser	Ala	Val	Thr	Ala	Leu	Trp	Gly	Lys	Val	Asn	Val
GUG	CAU	CUG	UCC	AGU	GAG	GAG	AAG	UCC	GCG	GUC	ACU	GCC	CUG	UGG	GGC	AAG	GUG	AAU	GUG

21	22	23	24	25	26	27	28	29	30	31	32	33	34	35	36	37	38	39	40
Glu	Glu	Val	Gly	Gly	Glu	Ala	Leu	Gly	Arg	Leu	Leu	Val	Val	Tyr	Pro	Trp	Thr	Gln	Arg
GAA	GAA	GUU	GGU	GGU	GAG	GCG	CUG	GGC	AGG	CUG	CUG	GUU	GUC	UAC	CCA	UGG	ACC	CAG	ACG

41	42	43	44	45	46	47	48	49	50	51	52	53	54	55	56	57	58	59	60
Phe	Phe	Glu	Ser	Phe	Gly	Asp	Leu	Ser	Ser	Ala	Asn	Ala	Val	Met	Asn	Asn	Pro	Lys	Val
UUC	UUC	GAG	UCC	UUU	GGC	GAC	CUG	UCC	UCU	GCA	AAU	GCU	GUU	AUG	AAC	AAU	CCU	AAG	GUG

61	62	63	64	65	66	67	68	69	70	71	72	73	74	75	76	77	78	79	80
Lys	Ala	His	Gly	Lys	Lys	Val	Leu	Ala	Ala	Phe	Ser	Glu	Gly	Leu	Ser	His	Val	Asp	Asn
AAC	GCU	CAU	GGC	AAG	AAG	GUG	CUG	GCU	GCC	UUC	AGU	GAG	GGU	CUG	AGU	CAC	GUG	GAC	AAC

81	82	83	84	85	86	87	88	89	90	91	92	93	94	95	96	97	98	99	100
Leu	Lys	Gly	Thr	Phe	Ala	Lys	Leu	Ser	Glu	Leu	His	Cys	Asp	Lys	Leu	His	Val	Asp	Pro
CUC	AAA	GGC	ACC	UUU	GCU	AAG	CUG	AGU	GAA	CUG	CAC	UGU	GAC	AAG	CUG	CAC	GUG	GAU	CCU

101	102	103	104	105	106	107	108	109	110	111	112	113	114	115	116	117	118	119	120
Glu	Asn	Phe	Arg	Leu	Leu	Gly	Asn	Val	Leu	Val	Ile	Val	Leu	Ser	His	His	Phe	Gly	Lys
GAG	AAC	UUC	AGG	CUC	CUG	GGC	AAC	GUG	CUG	GUU	AUU	GUG	CUG	UCU	CAU	CAU	UUU	GGC	AAA

121	122	123	124	125	126	127	128	129	130	131	132	133	134	135	136	137	138	139	140
Glu	Phe	Thr	Pro	Gln	Val	Gln	Ala	Ala	Tyr	Gln	Lys	Val	Val	Ala	Gly	Val	Ala	Asn	Ala
GAA	UUC	ACU	CCU	CAG	GUG	CAG	GCU	GCC	UAG	CAG	AAG	GUG	GUG	GCU	GGU	GUG	GCC	AAU	GCC

141	142	143	144	145	146	—
Leu	Ala	His	Lys	Tyr	His	STOP
CUG	GCU	CAC	AAA	UAC	CAC	UGA

今堀宏三ほか編『続 分子進化[化学入門]』

Efstratiadis, A. et al., The primary structure of rabbit beta-globin mRNA as determined from cloned DNA. *Cell* 10(4): 571–585, 1977

第7章 バイオインフォマティクスとベイズ統計学 —— 遺伝暗号を解読する

Memo

第7章 バイオインフォマティクスとベイズ統計学——遺伝暗号を解読する

第8章

動く対象と
カルマン・フィルタ

自動運転技術のしくみにも

第8章

動く対象とカルマン・フィルタ
——自動運転技術のしくみにも

8.1 ▷ 自動運転車に必要なベイズ統計学

　近年、「**自動運転車**」が話題を集めている。一口に「自動運転車」といっても、現在は、ある区域限定での全自動走行や、危険察知のサポートシステムのみの導入など多種多様な形態がある。まだまだ発展途上の段階であるが、「いずれ、全世界を全自動で移動することができる」と夢のようなこともいわれている。また、そのとき社会がどう大きく変化し、どのような問題が生まれるかすら論議され始めている*。

> ＊ '運転者' がいないから、交通事故、交通違反の責任など、道路交通法体系が根本から揺らぐ可能性があり、自動車文明社会に多大なインパクトを及ぼす。直近では所有者の責任に振り替える考え方が提起されている。

　そもそも、本当に「全自動運転車」を求めているのかさえ疑問である。これは第7章の遺伝子解析とも共通する状況である。ただ、ベイズ統計学の視点（'ベイズ統計学はAIに通じる'）から見ると、この分野がベイズ統計学のひとつの応用として、興味深い場であることは間違いない。自動運転のための膨大な（かつ各瞬間時点の）情報をどのように整理し取り出すかという課題について、日本では意外なほど関心が低調であるように感じられる。

　自動運転は今後、「モノ作り」の域を抜け、情報産業が主となるはずである。実際、GoogleグループのWaymo社では、その独自の地図データを活用して、2017年米国カリフォルニア州の公道で（公道の一例は

図 8.1 San Francisco における大陸横断ハイウェイ I-80
[©Minesweeper, 2005、https://commons.wikimedia.org/wiki/File:I-80_Eastshore_Fwy.jpg（2018年3月時点）]

図 8.1）、運転手が無人の自動車による shared mobility（相乗り）のテストを行なっている。しかし、必要なのはこのような'ニュース・ショー'トピック以上の学問的アプローチが展開されることである。

8.1.1 ▷ 自車位置推定と地図作成を同時遂行――SLAM

　SLAM という語をご存じだろうか。地図上に自車の位置を推定しつつ走行し、その都度レーダー情報からリアルタイムで周辺地図を更新する。これによって実質上、同時（simultaneous）に自車位置推定（localization、局地化、現地点化、の意）と地図作成（mapping）を遂行する理論システムを SLAM（simultaneous localization and mapping）という。SLAMがなくとも、地図が事前にあればそのエリアの自動運転車は開発可能だが（実際試作車はある）、**地図にない場所には行けない**ため、使い勝手は半減する。そこに SLAM の大きなメリットがある。この 'SLAM' がどうベイズ統計学に関わるのか？　Wikipedia（*en*；SLAM、2018年2月時点）には、以下のような記述がある。

One point

「人動車」対「自律車」

「自動車」は auto mobile で'自ら動力を出す'が、制御は人間が外から行なっており、むしろ「人動車」と表現した方が適切である。いま話題なっている「自動運転車」は、より正確な表現を求めれば、

自律車（autonomous car）
無人自動車（driverless car）
自己運転車（self-driving car）
ロボット車（robotic car）

などと呼ぶこともできるだろう。

車が道路を走る上でのあらゆる状況に対応することを考えると、歩行者、他の自動車、道路・路肩状況、障害物、天候、時間、道路交通法規・標識（意味、解釈、言語）およびそれらの現況（汚損、見えやすさ、見えにくさ）、災害対応、（補助運転者がいる場合の）人的介入など、必要となる情報量は膨大である。これを瞬時に判断し、最適対応できる AI があるとすれば、それは気の遠くなるような広汎な機能をもつだろう。すなわち、このとき車は'輸送運搬機器'というよりも'情報機器'となり、いまの車の延長にはなりえない。

自動運転車には進展度別の定義が定められており、日本では米国の NHTSA（National Highway Traffic Safety、米国運輸省道路交通安全局）が定めた SAE（society of automotive engineers）という基準に準拠する方向で動いている。2016 年 9 月の改訂（SAE J3016）では下記の 6 段階と定義された。

レベル 0　運転自動化なし（No Driving Automation）
レベル 1　運転者支援（Driver Assistance）
レベル 2　部分的運転自動化（Partial Driving Automation）
レベル 3　条件付運転自動化（Conditioned Driving Automation）
レベル 4　高度運転自動化（High Driving Automation）
レベル 5　完全運転自動化（Full Driving Automation）

レベル 5 の自動運転車が出現すれば、社会はあらゆる意味で一変するであろう。そのとき人は何を得て何を失うのか、考えておかなくてはならない。

"ロボットやナビゲーション（ナビ）において、一方で未知の周囲環境の地図作成を更新しつつ、他方でその上の自分の推定位置を追跡することをいう。この課題は［互いに他を必要とする］卵とニワトリ問題（chicken-and-egg problem）のようであるが、近似であれば実用的時間内に解くことはできる。よく知られる近似解法としては、ⅰ）粒子フィルタ、ⅱ）拡大カルマン・フィルタが挙げられる。SLAM アルゴリズムは汎用を期するよりは、利用可能な資源に合わせて構成され、運用条件に適合することを目途とする。公開されているアプローチとしては、自動運転車（self-driving cars）、無人飛行船（unmanned aerial vehicles）、自律水中探索車（autonomous underwater vehicles）、惑星上走行車（planetary rovers）、さらに家庭用ロボット、そして人体内機能まである。"

　厳密には、完全に「同時」ではないだろう。微少時間で情報更新が行なわれており、それが「ベイズ更新」になっているのである。つまりこの文中の「（拡大）カルマン・フィルタ」による情報更新に、実はベイズ統計学が入っている。「カルマン・フィルタ」とはどのような理論だろうか。本章ではそれを紹介する。

8.1.2 ▷「状態」をカルマン・フィルタで精確キャッチ

　「位置推定」も対象が動いているときは止まっているときとは様子が異なる。それが自分であるか（自動運転における自車）、他の対象物体であるかを問わない。止まっていれば、一通りの位置という「状態」を推定対象にすればよく、問題は統計的に比較的単純である。しかし、動いているとなれば、ⅰ）対象 A の動き、ⅱ）それを観測している自分 B（もしくは観測者 B）への情報の、2 本立ての複線形で表現しなくてはならない。このとき、たとえば位置だけでなく運動の速度も問題なら 2 次元の（位置、速度）のまとまりが「状態」となって動いている。理論上は「状態」のと

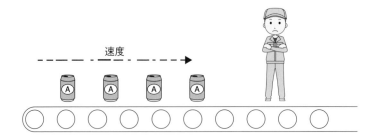

図 8.2 ベルトコンベアを見張っている現場係
生産ラインの流れも、長い時間では、変動しているかもしれない。

り方はもっと自由である。

　状態の動きをその場で（リアルタイムで）なるべく精確にキャッチする状態推定法を「カルマン・フィルタ」（Kalman filter）という。人工衛星の位置、速度を地上から知ることはその典型である。

　こういうと、応用の飛行物体、運動物体の観測のイメージが強くなるかもしれないが、必ずしもそう限る必要はない。本質的に捉えれば、瞬時も止まることなく自動作動しているベルトコンベアの生産ライン、またその作業ロボットも、作動の状態は変動しているだろう。

　さらに、ベルトコンベアの生産ラインの不良品率自体も、許容範囲内で長時間でゆるやかに変動しているかもしれない。これも「状態」である。さらには、計量経済学が対象とする一国のマクロ経済システムも運動体であることは言うまでもないし、そもそもヒトを医学的に見れば、刻々と変動しつつ生命を維持する壮大な運動システムであるから、さまざまな変数が「状態」となっている（**図 8.2**）。

8.2　カルマン・フィルタのための状態空間表現

8.2.1　状態の「動き」を式にする：運動方程式

　運動にはそれを表わす式があるはずである。物理学では、力学でいう

「運動方程式」だが、ここでは各課題にふさわしい式を作る必要がある。ほんの一例だが、理解の上で

現在（t）の状態＝1期前（t−1）の状態×G＋外乱u_t

としておこう。Gを乗じたのは速度や速度の変化があることを仮定している。G＝0.8なら、外乱を別にすれば、2割小さい状態まで動いたことを意味する。また「外乱」u_tは、どんな場合も実際の運動というものは理論と寸分違いなく成り立つものではない、と仮定するためである。もともとこれは統計学の基本発想である。人工衛星なら運動に対する抵抗、他の物体からの干渉作用（いわゆる摂動）、生産システムなら機械の摩擦、劣化、あるいはヒューマン・エラーなどを指す。一般にはGも外乱も時間的には一定と限らず時間の関数G_tである。そこで

$$\theta_t = G_t \theta_{t-1} + u_t$$

とする。

8.2.2 ▷「観測」のされ方を式にする：観測の方程式

単純なイメージとして人工衛星の例を考えよう。観測は「望遠鏡」や地上の「受信システム」に相当し、かつ観測には当然誤差がある（ベルトコンベアによる製造では定期的にサンプリングしたデータが観測データで、これにはサンプリング誤差がある）。いずれにせよ

観測データ（y）
＝tでの状態（シグナル）×F_t＋観測に対する外乱（誤差）v_t

のようになっているとしよう。「シグナル」とは、誤差に対し、本当の、伝えられるべき正しい情報をいい、ここでは **8.2.1** に述べた真の「状態」を指す。たとえば、人工衛星の真の空間的位置と速度である。ただし、シグナルはそのまま生の形で伝わるのではなく、何らかの変換F_tを受けて、

人工衛星でいえば地上で、観測される。

　これが生産ラインの不良品率であれば、センサーを経由して観察・記録（観測）されるかもしれないし、マクロ経済の経済成長率が「状態」なら、その関数である失業率として「観測」されるかもしれない。

　そこで上の式を、時間 t も考えに入れて

$$y_t = F_t \theta_t + v_t$$

とする。

8.2.3 ▷ 状態空間表現：複線形で表現

　問題はこの「観測」データからいかにして素早く「状態」を知るかである。

　8.2.1 の「状態」と **8.2.2** の「観測」の2つの数式を並べた複線形のモデルを、専門用語（時系列データ分析）で「**状態空間表現**」という（**図 8.3**）。言い換えると対象の運動も考えた精密な'動的対象観測モデル'でもある。「状態空間」（state-space）とは状態が動く範囲をいう。

　よく知られる情報科学関連の言葉に数学者ウィーナー（N. Wiener, 1894-1964）が提唱した「サイバネティックス」（cybernetics）がある。自動制御の学とも呼ばれ、通信工学・制御工学・生理学・機械工学・システム工学などを統合した学問のひとつである。cyber- の語源はギリシャ

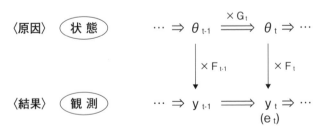

図 8.3　「状態」と「観測」の状態空間表現
〈　〉はベイズ統計学への適用。線形に変化していく2つのデータが、ある関連性をもって並列している。この場合「状態」θ と「観測」y の間に F という関数が存在して、θ と y が併走している形である。矢印→には外乱が含まれる。

語で船の「舵手」を意味しており*、「状態」「観測」のほかに、「制御」（control）の部分も含んでいる。この学問の「観測」部分が状態空間表現である。

> *「サイバーテロリズム」のような語用があるが、原義は失われ、ただ「情報科学的」という意味で転用されているというよりは誤解に近い。

状態空間表現のメリットは**図 8.3** に見るようにベイズ統計学がスムーズに導入されることにあるが、そのためには 2 つの外乱（誤差）u_t, v_t に正規分布を仮定する必要がある（ただし、次項で述べる当初の理論にはこの仮定はされていない）。

8.3 カルマン・フィルタとカルマン利得

8.3.1 フィルタとフィルタリング

本論に入る前に、まず大切な基本用語を説明しておこう。これまで各章のベイズ統計学では、「きっとこうなるのだろう」「きっとこうだったのだろう」という根拠の高い「予測」を算出することが多かったが、本章で扱う「フィルタ」が指すものは、「先の予測」では**ない**。「今こうなっている」である。したがって、即時であることが本質である。フィルタの働きは、標的の時間を t とし、現在時間 t_0 に対して、

図 8.4 「フィルタ」のイメージ
残ったものと落ちたものを分別し不要物をこし分けるのがフィルタ（ふるい）である。

> 未来：予測（prediction）
>   ⇒現在より先（$t > t_0$）の期待値を定める
> 現在：フィルタリング（filtering）
>   ⇒現在値（$t = t_0$）を定める（誤差を落とす）
> 過去：スムージング（平滑化）（smoothing）
>   ⇒過去（$t < t_0$）の値を整える

の3つに分類される。たとえば、誤差の多い寒暖計や体重計で測定をしても、現在の'本当の'気温や体重はわからず、誤差を考える必要がある。また、株価データ（株価チャート）は細かい変動が多く、大局的な変動傾向がわかりにくいため、それを見出すために凹凸を落としていわゆる「移動平均線」を描くなど、3つの段階をすべて踏むことが大切になる。

「フィルタ」とは、たとえば日本語でいえばコーヒーの「ふるい（篩）」であり（**図8.4**）、フィルタリングする道具、用具、メカニズム、アルゴリズムのすべてを指す。

8.3.2 ▷ カルマン・フィルタのメカニズム

「カルマン・フィルタ」（Kalman filter）とは、時系列データに対するフィルタのひとつで、

——時系列で取られ、統計的誤差など不確実要素を含むデータに基づき、ベイズ推論や確率分布推論の方法によって、ひとつの観測値を用いるよりはより精度の高い<u>現状態</u>の推定を、<u>各時点で</u>与えるアルゴリズム——

といえる。人工衛星の現位置速度は刻々と変わるから、それらの推定もそれに合わせて刻々行なわれるべきである。データを'あとでまとめて'計算というわけにはいかない。対象の動きについて行けず分析が絶望的に間

に合わない。大切なことは、「現状態」の「各時点で」の、つまり「リアルタイム」の推定であるということである。カルマン・フィルタは「予測」ではなく、現時点の誤差を除去し真の情報（シグナル）のみを残して正確に位置決めする機能にあたる。まさに「フィルタ」である。

　それでも、時系列データに対していきなりカルマン・フィルタを構成することはできず、**8.2** で概説した状態空間表現を通してのち、はじめて定義することができる。はじめて提唱した工学者カルマンの名を取っているが、当初のカルマン・フィルタは煩雑な式の連続であった。今日ではベイズ統計学のおかげですっきりと整理解説されることになっているが、以下では少し詳説を展開してみようと思う（難しいと感じる場合には、**8.4** の実例まで一気に進んでもよい）。

　カルマン・フィルタにおける、フィルタの3つの機能は、

ⅰ）［1期先予測］t−1 期：t−1 → t で将来 (t) の θ_t の仮の見当（予測）をつける

ⅱ）［イノベーション］t 期：現在の観測の結果 y_t を入手する

ⅲ）［ベイズ更新］ⅱ)の情報で、ⅰ)からⅱ)に更新する。更新のしかたにある変数が重要である。

のように書き直すことができる。**8.2** の式や図を思い出しながら、ⅰ)ⅱ)ⅲ)の順にそれぞれについて、とくにⅲ)について考えていこう。

◇1期先予測

　運動のルール（t−1 → t）が運動方程式としてあるため、時点 t−1 ではすでに θ の推定されたデータ $\hat{\theta}_{t-1}$ をもっていることから［ハット (hat) ^ は統計学の記号で、'データから計算された'の意で、真の値と区別するためである］、<u>今期の t の値 θ_t</u> は、t での観測がなくても方程式から簡単に導くことが可能である（ただし、t−1 期 → t 期だからこれは予測で

163

ある）。いま、式の簡略化のため外乱 u_t は比較的小さく平均 0 だとすると

$$\tilde{\theta} \;\Rightarrow\; G_t\hat{\theta}_{t-1}$$

となっている<u>はず</u>である。ただし、これは（頭の中の）仮の見当で、tの時点でのデータを使っておらず'生煮え'のため ^ と区別し、θ の上にチルダ ~ をつける。これを「1期先予測」（one-step ahead）という。

　たとえば、高速道路で、この走行スピードの法則から「5分後には○○の位置にいるだろう」という予測は多少は有効だが、実際には5分後にデータがあれば、そのデータも入れて5分後の車の位置を運転者に、やはり多少誤差はあるが、前よりは小さい誤差で、告げるだろう。当然のことだが、ただ問題は'入れて'の入れ方である。

◇イノベーション

　まず、何を入れるかである。時間tが来て、新着のデータ y_t が θ_t の推定に<u>新たな</u>情報として加わった。しかし y_t は、100%<u>目新しい</u>わけではない。なぜなら、ⅰ）の「1期先予測」から、すでに観測の方程式を経由して、y_t が $G_t\tilde{\theta}_{t-1}\times F_t$ としてある程度予測されているからである。結局、正味の新しい情報として加わったのは、「イノベーション」（innovation、刷新の意）と呼ばれる正味差額 e_t

$$e_t = y_t - F_tG_t\hat{\theta}_{t-1}$$

だけになる。

◇ベイズ更新

　ⅰ）ⅱ）から、過去（t−1）からの情報 $G_t\tilde{\theta}_{t-1}$ と、現在tでの情報 e_t が揃った。これを'正確な現在'として合体、つまり更新する。ここがベイズ統計学の**ベイズ更新**が働くポイントである。**5.3.2** の正規分布のベイズ更新公式に従い

イノベーション e_t の事前分布：平均 $G_t\theta_{t-1}$，分散（略）の正規分布
イノベーション e_t の尤度：平均 $F_t(\theta_t - G_t\hat{\theta}_{t-1})$，分散（略）の正規分布

と捉えたとき

θ_t は事前分布（正規分布）$N(\diamondsuit, *)$ に従い、y_t は正規分布 $N(\theta_t, **)$
によって出ると仮定すれば、ベイズの定理より

↓

θ_t の事後分布は正規分布 $N(\square, ***)$ で表わされる

となる。ここで $\diamondsuit$，$\square$ は更新公式による平均、$*$, $**$, $***$ はいずれも分散
を表わしており、t のある漸化式に従うが、複雑になるためここでは割愛
する（**5.3.2** 参照）。

　こうして、首尾よく現在（t）における θ_t の事後分布として正規分布を
得ることができる。

◇カルマン利得（カルマン・ゲイン）

　事後分布の平均 $\square$ を θ_t の推定とし、いよいよカルマン・フィルタ

$$\hat{\theta}_t = G_t\hat{\theta}_{t-1} + K \cdot e_t$$

を得る。K は F_t, $*$, $**$, $***$ を含むある定数で、ⅱ）のイノベーションにお
ける、e_t の不確かさを最小限にするために求められた‘ちょうどいい重
率’のようなもので、重要なものである。この K のおかげで実際には、
リアルタイム下でイノベーション e_t を $1:K$ の割合で用い、K の分だけ
実際のイノベーションとして取り入れられる。この K を「**カルマン利得**」
（Kalman gain、カルマン・ゲイン）という。‘取り入れる’を「利得」
で表わしたのである。

8.4 カルマン・フィルタによる Excel シミュレーション

8.4.1 状態空間表現の設定

「うさぎ追いしかの山、こぶな釣りしかの川」という童謡がある。フィッシングは止まって魚の動きを読めばよいが、うさぎはランダムに山野を動くため行動方針を定めるのが難しい。フィールドに放たれた対象を、追跡者が効率よく追いかけ追いつくためには、どのような計算処理をしたらよいだろうか（**図 8.5**）。対象はランダムに 1 次元で動くことにし、時点 t における位置を状態 θ_t とする。θ_t をカルマン・フィルタで推定しよう。カルマン・フィルタの状態空間表現は、**8.2** で作成した運動方程式、観測の方程式をもとに

$$\theta_t = G_t \theta_{t-1} + u_t$$
$$y_t = F_t \theta_t + v_t$$

の 2 式で与えられる。いま、処理を簡便にするために、t に関係なく、パラメータ（G, F）について $G_t \equiv G$, $F_t \equiv F$ と定数にし、また、外乱 u_t, 誤差 v_t についても分散は t に関係なくそれぞれ 2, 1 とする。

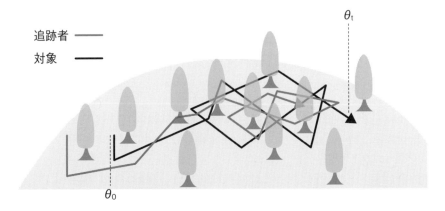

図 8.5 対象を効率よく追跡するには

やはり動くものを見つけて捕まえるのは芸当だね

え？ 僕は忠犬で飼い主の周りにしかいませんよ

たしかに。漁師が山でうさぎを追うとか、漁業で海でくじらを見つけるとか、迷子を捜すとか、そういうのは必要だけど結構大変だ。そう、自動運転で前車との距離をとるのも応用問題だよ

僕がイギリスの犬だったら、貴族の狩りにかりだされていたかも。ごほうびも出ただろうね

8.4.2 ▷ Excel 計算実行

結論として、このカルマン・フィルタは時点 t−1 から t まで来たとき

$$\hat{\theta}_t = \hat{\theta}_{t-1} + \frac{1}{2}(y_t - \hat{\theta}_{t-1})$$

で実行される。

たとえば、$\theta_0 = 3.0$ のとき（つまり追跡者が追いかけはじめたときの、対象の位置が '3' という値で表わされるとき）、対象の現在位置 θ_t の状態の運動（原系列）、および対象を追って素早く追随するカルマン・フィルタは**図 8.6** のごとくであり、もし追跡者がカルマン・フィルタの指示通りに追えれば、3期ほどあとには、対象に追いつくことができ、その後も何度か捕まえられるチャンスがある。メデタシ。

ここまでの詳しい展開は『入門　ベイズ統計』第 7 章を参照のこと。

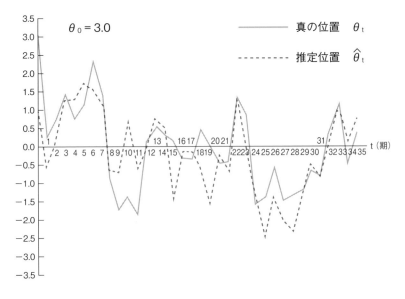

図 8.6 カルマン・フィルタの追跡記録

第  章

ニューラル・ネットワークの進化

シグモイド関数は「ベイズの定理」の別表現

ニューラル・ネットワークの進化
―― シグモイド関数は「ベイズの定理」の別表現

9.1 ベイズの定理は AI への出発点

　これまで、ベイズの定理、その応用、また、それらベイズ統計学がベースとして存在するいくつかの分野の学問のしくみについて述べてきた。

　ここで初心に帰り、**1.3.3** で取り上げた、バレンタインチョコレートの問題を思い出してほしい。この例には、思いがけない展開が起きる。実は、AI が人間の脳と類似の構造をもって機械学習していくということで近年大きな注目を浴びている、「人工ニューラル・ネットワーク」（artificial neural network, ANN）に通じる小道が見えてくるのである。急ぐ人はまず **図9.2** を見ておいてほしい。

　ただし、'人工'（artificial）であることは強調してよい。'ニューロン' がヒントになって、それがネーミングに化けただけで、本当のニューラル・ネットワークと信じる人がいればモノの本質を知らない人であろう。人工ニューラル・ネットワークは線形回帰分析を非線形にし、変数の個数が極端に増えても、**多重共線**[*]**に対して防護絶縁した統計学モデル**である。

---

[*]「多重共線」（multi-collinearity）は線形重回帰分析特有の本質的デメリットである。ただし、ニューラル・ネットワークには、他方「オーバー・フィッティング」という別のデメリットがある。

　脳科学とは原理的にはなんの関係もないが、大量の情報処理能力の点で

脳に似ることはある。ただし、本当に脳に似るには半端でなく、キャパシティの点で集積しなくてはならない。どれくらい必要か、人間への接近はどうかという課題が**シンギュラリティ**にほかならない。

9.1.1　来年のバレンタインデーの「期待」をグラフに
──ベイズの定理からロジスティック関数へ

◇今年のバレンタイン・チョコレートの効果

　おさらいもかねて整理しよう。**1.3.3** 同様、本命 ＝1, 義理 ＝2 と定義する。お相手の気質から予測した事前の条件は以下のとおり。

　・本命の相手にチョコをあげる確率は 0.65, あげない確率は 0.35,
　　義理の相手にもチョコをあげる確率は 0.5, あげない確率は 0.5

　・くれる側が本命視している確率は 0.7, そうでない確率は 0.3

「チョコレートをあげる（た）」出来事を A として、本命、義理の事前確率を

$$w_1 = 0.7 （本命）, \quad w_2 = 0.3 （義理）$$

A の尤度を本命、義理に応じて

$$L_1 = 0.65 （本命）, \quad L_2 = 0.5 （義理）$$

とすると、ベイズの定理から、本命の事後確率は

$$\frac{w_1 L_1}{w_1 L_1 + w_2 L_2} = \frac{1}{1 + \left(\dfrac{w_2}{w_1}\right)\left(\dfrac{L_2}{L_1}\right)}$$

であるから、本題では

チョコの季節だねえ。気候も暖かくなったし……

なんとなく人間たちは楽しそうだけど。僕たちはシッポを振るだけだね

まあ犬は単純だから。でも、犬にも駆け引きはあるか……

そうだよ。かけひきは言葉だけじゃない。犬にだってコミュニケーションはあるよ

$$\frac{0.7 \cdot 0.65}{0.7 \cdot 0.65 + 0.3 \cdot 0.5} = 0.752$$

となる（なお、上記の式変形は今後のロジスティック関数への展開の予備である）。最初の漠然とした予測では、本命としての好意を抱いている確率は0.7であったから、「今年チョコを渡した」という事実により、本命度は、

$$0.7 \Rightarrow 0.752$$

と上がり、確実性が増した。メデタシ。

◇**来年もバレンタインチョコレートを貰ったら：「ベイズ更新」**

　もし来年もバレンタインデーにチョコレートを渡されたら、どうだろうか。直感的には、いよいよ「本命」の可能性は高まるように思えるが、実際どれぐらいの「本命度」になったのか算出してみよう。

　本命か否かに対する漠然とした予測数値0.7と0.3はいまやすでに過去の値、昨年「チョコを渡される」より前の話である。いまは「昨年チョコ

を貰った」という事実に裏づけされて、新しく

$$w'_1 = 0.752, w'_2 = 0.248$$

という、事前確率が得られている。贈る側のバレンタインデーに対する姿勢（本命または義理でバレンタインデーチョコを贈る確率：尤度）はそうそう変わらないとすると、ベイズの定理が再び用いられ

$$\frac{0.752 \cdot 0.65}{0.752 \cdot 0.65 + 0.248 \cdot 0.5} = 0.798$$

つまり

$$0.7 \Rightarrow 0.752 \Rightarrow 0.798$$

と本命度は変化し、ほぼ80%の確信をもつことができる。たとえば、慎重派で「8割ならまだまだ、9割超えたらこちらからアクションを起こしてもいいな」と考えていたとしたら、さらに次の年まで悩みの日々を過ごすかもしれないし、「8割ぐらいで行こう！」と考えていたならば、いよいよ行動を開始するかもしれない。

　このように、事後確率が事前確率として働き、新たな事後確率に変化することは「ベイズ更新」（Bayesian updating）といわれた。ベイズ統計学では非常に大切な考え方になっている。

9.1.2 ▷ ロジスティック関数の "フシギ"

　どちらにせよ、今年のデータが追加されたことで、いよいよその期待は高まり、いよいよ心が「活性化」したことになる。

　実はこの "キモチ" の変化はロジスティック関数（logistic function）といわれる関数

$$\sigma(x) = \frac{1}{1+e^{-x}}$$

の上で辿ることができる*（**図 9.1**）。この関数は、後述する AI の「ニューラル・ネットワーク」（neural network, NN）の構造の中で使われる、「シグモイド型関数」（sigmoid function）としてよく採用されている（ただし、この言い方には飛躍がある）。

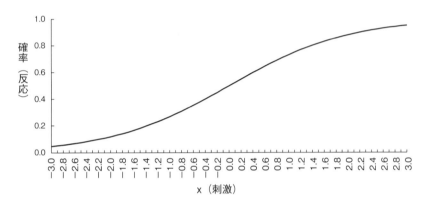

図 9.1 ロジスティック関数 $\sigma(x)$
シグモイド型関数のひとつ。S 字を描くカーブが特徴的である。この関数がニューラル・ネットワークの神経反応のモデルに採用されている（次節 9.2 参照）。

―― **One point** ――――――――――――――――――

シグモイド型関数

　図 9.1 を見てみよう。S 字を引き延ばしたカーブのように見える。
　「シグモイド型関数」は実は**一般的総称**で、アルファベットの S（対応ギリシャ文字はシグマ Σ, σ）を引き延ばした「擬 S 型」という意味である。*-oid* は「〜ぽい」「擬〜」を表わし、ロジスティック関数のほかにも、逆正接関数（arctan x）、双曲正接関数（tanh x）、標準正規分布の累積分布関数（正規オージブ）などが挙げられる。また、極端な形として階段関数（卍の片方のような形状）も「ガウス関数」と呼ばれて NN で用いられる。

＊実は種明かしをすれば、ここで $x＝\log(L_1/L_2)$、正確には（　　）に事前確率も入れて $(w_1/w_2)(L_1/L_2)$ とすれば、'フシギ'ではなくベイズの定理にピタリとなっている。このことを数値で説明したことが本章のポイントである。

さきほどの例題について、**図 9.1** を見ながら、ロジスティック関数的に考えてみよう。「チョコを渡された」事実が与える、「脳」への「刺戟」（スティミュラス）として、$\sigma(x)$ で x をいささかイキナリだが

予測時	チョコ貰う	今年	チョコ貰う	来年
0.8473	⇒	1.1097	⇒	1.3720

と３つおくと（この数値の根拠については後述する）、「反応」（レスポンス）として、本命である確率が、ピタッと

0.7	⇒	0.752	⇒	0.798

のように出てくる。試してみよう。Excel での、e^x（指数関数）のコマンド EXP(　) を用いて

$$1/(1＋EXP(-0.8473)) \qquad 答＝0.7$$
$$1/(1＋EXP(-1.1097)) \qquad 答＝0.752$$
$$1/(1＋EXP(-1.3720)) \qquad 答＝0.798$$

で、ピタリと合う。

さてここで、注目したい３つの値、$x＝0.8473$ からスタートし

チョコ１回貰う（予測時→今年）　　$1.1097-0.8473＝\mathbf{0.2623}$
チョコ１回貰う（今年→来年）　　$1.3720-1.1097＝\mathbf{0.2623}$

と、チョコを１回貰ったときの値の増加がピタリと等しくなっている。つまりこのロジスティック関数を AI に用いると

チョコ１回分の刺激 ＝0.2623

175

と定めて、何年先でも本命度の試算を行なうことができるようになる。これはある種の AI である。すなわち、ロジスティック関数は「ベイズの定理」の別表現であり、**起こった事柄の影響度や重大さ**が測れるのである。

　ベイズの定理がなぜロジスティック関数に化けたのか、これらの数字はどこから出したのかを不思議に思うだろう。**9.1.1** に戻ってほしい。多少の数 II 程度の対数の計算から、ベイズの定理の分子、分母を $w_1 L_1$ で割ると出てくる。ここで実際に計算すると

$$\log(0.65/0.5)=0.2623（尤度比）,\qquad \log(0.7/0.3)=0.8473（事前確率比）$$

でこれが**タネアカシ**である（対数は自然対数）。

9.1.3▷softmax 関数のハイライト機能

　ロジスティック関数は 1 変数 x のみの関数であるが、必要に応じて多変数を x に取り込んだ一般化したロジスティック関数に展開することもできる。ここは、ちょっとした寄り道だが、有用なので後のために触れておこう。

　関数で x を x－y に置き換えると $e^{x-y}=e^x/e^y$ となり、代入して

$$\sigma(x)=\frac{e^x}{e^x+e^y}$$

となる。これを「softmax 関数」（softmax function）、あるいは規格化指数関数（normalized exponential function）といい、$x_1, x_2, \cdots, x_n$ に広げて

$$\mathrm{softmax}(x_i)=\frac{\exp(x_i)}{\Sigma_j \exp(x_j)}$$

として用いられる。ベイズ判別器や NN に登場する特別の関数であるが、これもベイズの定理から導くことができ、また逆に定理を表わせる用法もあ

る。

たとえば、第3章で行なった3種のアイリスの判別において、統計学の一般的な流儀に従い、尤度の対数を、

$$\ell_1 = \log L_1, \ \ell_2 = \log L_2, \ \ell_3 = \log L_3$$

とすると、等しい事前確率（1/3 ずつ）のもとで、事後確率は softmax 関数を用いると

$$\text{softmax}(\ell_1), \ \text{softmax}(\ell_2), \ \text{softmax}(\ell_3)$$

で与えられる（このケースの適用については後の項で改めて説明する）。

Softmax 関数は一般的に、数に対して独特の働きをもつ。たとえば、数 1, 2, 3, *4*, 1, 2, 3 の並びに対し softmax 値は

$$0.024, \ 0.064, \ 0.175, \ \textit{0.475}, \ 0.024, \ 0.064, \ 0.175$$

であり、たしかに最大値4が抜きん出てハイライト（強調）されている。しかも7つの結果の和＝1となっていて、重要度があたかも確率のように分配されている。これは判別機能には都合がいい性質である。

最後に、本書では扱わないが、さらに、「**強化学習**」（reinforcement learning、機械学習の一種で、状態観測の末に行動を決定し、取った行動によって得られる報酬がもっとも多くなるような方策を学習していく）、「**分配関数**」（partition function、統計力学分野でいえば、エネルギーの分布状況を規定する関数。状態和。規格化定数のひとつ）、「**ボルツマン・マシン**」（Boltzmann machine、NN 内部学習機能がある NN のひとつ）への発展も、この softmax 関数の先にある。

9.2 | ニューラル・ネットワーク（NN）の登場

9.2.1 | NN ＝パーセプトロンのリバイバル版

9.1.1 の例から、「結局 AI に移行できるのは、好悪、感覚、喜怒哀楽のような‘単純な判断’しかないのではないか。またそこにそれを織り込むのは人間の‘手動’になるのではないか」という異論をもつ方もいるかもしれない。

たしかに AI に限界はある。ただし、哲学史を見ると、禁欲主義からは宗教（信仰とは区別）、快楽主義からは近代の功利主義が生まれているし、心理学でも判断・思考・科学的理性などの一領域は AI になじむという可能性もある［もちろん、心理学に近い哲学者（フッサール、ディルタイなど）が考察する精神一般、世界観などには及びもつかない］。

たとえば、シグモイド関数をユニット（Unit、単位）とする判断システムがあったとき、このユニットを人工的な神経単位（ニューロン）とみなして、コンピュータ（シリコン半導体）の中に仮想的に考えることができる。これを「**パーセプトロン**」（認識子、*perceptron* ⇐ perception から）という。

パーセプトロンは、1960 年代から考案されており、シンプルなネットワークでありながらパターン認識などの学習能力をもっている。一時期、処理能力の壁に当たったが、前述のボルツマン・マシンなどの応用を受けて、21 世紀の現在でも、機械学習アルゴリズムの基礎のひとつとして広く用いられている。

そして、これこそがニューラル・ネットワーク（**NN**）のひとつである。つまり、NN は、データを載せたパーセプトロンのリバイバル版であって、それほど新奇なものではない。もちろん、ニューラルとは文字通り人工であって、本当の神経細胞ではないことに注意する。名称としては‘**多層累積的ロジステック回帰**’と呼んだ方がいいかもしれない。その意味では、「ニューラル」とはネーミングにすぎず、それが人工知能を脳の現実

的「知能」（intelligence）と誤解させている原因である。

9.2.2▷NNの概形を把握する

　模倣されたものとしてのニューラル・ネットワーク（NN）は、**図9.2**のように図示される。まず見てほしい。

ⅰ）　神経細胞ニューロン（ノード, node）はきわめて多数であり、幾重幾層にも集積して存在し、

ⅱ）　各層（レイヤー, layer）には多くのニューロンが属し、

ⅲ）　入力情報 x は第1層（入力層）に入り、各層間で上層へ伝達され、第L層（出力層）で出力 y を生む。

ⅳ）　各層は直下の層の（複数の）ニューロンの出力を集めて入力とし、ロジスティック関数 $\sigma(\ )$ を通して（一般には、シグモイド関数）、その層の出力とする。**図9.2**は多数の線がロジスティック関数になっている。

　さらに、**図9.2**の下段の形でいえば、中間の第 ℓ 層の各ニューロンには、直下の第 $\ell-1$ 層の各ニューロンの出力（output, $\overset{\text{オー}}{O}$）

$$O_1, O_2, \cdots, O_k \quad (O_{k\ell-1} \text{の} '\ell-1' \text{は省略})$$

を集め、これから決める重率 w（重率パラメータ）をかけた

$$n = w_1 O_1 + w_2 O_2 + \cdots + w_k O_k \quad (n_\ell \text{の} '\ell' \text{は省略})$$

が入力される。ここまでは統計的には線形である。ただし、これで終わりではなく、しかけがある。それからシグモイド関数に従って $\sigma(n)$ が出力 O（正確には第 ℓ 層の該当ニューロンの）となって、直上の（第 $\ell+1$ 層）の各ニューロンへの出力となる。ここがポイントで非線形回帰（詳しくはロジスティック回帰）が入っている。線形のままほっておくと、変数の多

第9章 ニューラル・ネットワークの進化——シグモイド関数は「ベイズの定理」の別表現

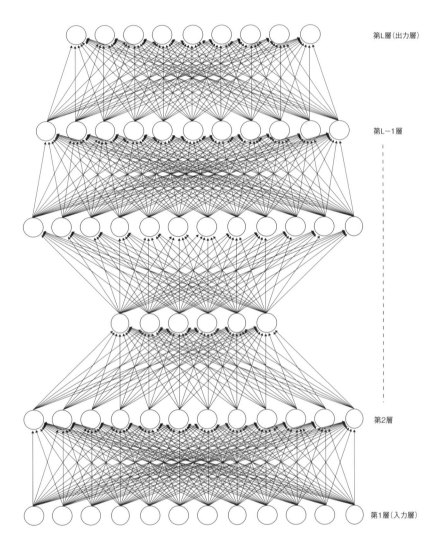

図9.2 4×3＝12に0, 1ドット化された自然数1～9のキャラクタ判別のニューラル・ネットワーク（NN）
段を結ぶ各線にロジスティック関数が乗っている。人間の脳のニューロンの複雑さからいえば、まだまだシンプルであり、とても「脳のモデル」とはいえない。
（本図は平山雄一氏より提供いただいた。）

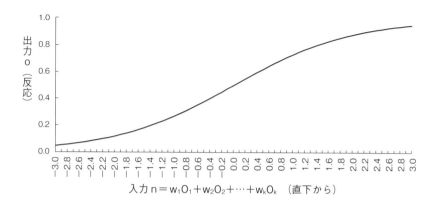

図9.3　活性化関数（シグモイド関数）
活性化とは反応があるかないかを指す。NN上の役割を担っている場合の呼称であり、形状としては、図9.1と同じ関数であるが、出力oは直上にある次層への入力となる。

重線形性（いわば、関連の混雑）が極端になり、固まって停止してしまう。

第 $\ell-1$、ℓ、$\ell+1$ 層のこれら入力─出力関係の矢印のネットワークは、1対1ですべてつながり、交叉する形をとるので、形状を正確に確認しておいてほしい。この形状から'ネットワーク'といわれるのである。もちろん、最下第1層の直下は入力情報 x、最上第 L 層の直上とはこのシステム全体の出力 y である。

また、NN において使われる非線形関数（もしくは恒等関数）のことを神経科学の言葉を流用して「活性化関数」と呼ぶ。活性化とは'活動する'（activate）することである。この場合は前述のシグモイド関数がそれにあたり、**図 9.3** のように表わすことができる。n が小さいと活動することはあまりなく、大きいと活動し、出力を上へ伝える。

9.2.3 ▷ NN を学習させる──誤差逆伝播法と TensorFlow
◇誤差逆伝播法（バック・プロパゲーション）
　NN の学習アルゴリズムに、「**誤差逆伝播法**」がある。これは、英語で

「バック・プロパゲーション」（back-propagation）としてよく知られる、名称は独特だが、別に驚くべきものではない。

重率パラメータ（**9.2.2** の式では w）の統計的推定法の工夫のひとつである。NN の目的は、

x（入力）⇒ y（出力）の推定が'ベスト・フィット'になるような、各 $w_1, \cdots, w_k$ の決定

である。簡単にいえば、NN が初期のころは、各 w の値は'見立て'でしかない。しかし、入力-出力のたびにその結果の正否がフィードバック（誤差逆伝播）されることで、w の重みを調整し（学習し）、'正しい出力'に近づいていくことができる。そういうしくみになっている。

その意味では基本的な線形回帰モデル

$$y = \beta_1 x_1 + \beta_2 x_2 + \cdots + \beta_p x_p + \beta_0$$

のパラメータ（回帰係数）を単純に最小二乗法から求める作業の一般化（非線形化）にすぎない。ただ、NN の形状として、非線形のシグモイド関数が幾重にも続くニューロン層が多数あるため、その作業は半端ではない。いわば登山の山歩きを、ロープウエーではなく、各尾根ごとにテクテク辿って行かなければならないことは確かで、はるかに解法は難しい、というよりは、煩わしく骨が折れるが、当然ながらその分推定力は高まる。

◇**重率パラメータの'谷下り'**

重率パラメータ w をまとめておこう。

前述の式では、ひとつの階層に注目した一般式を立てたが、今後は各層を区別し考えていく。重率パラメータについても、層ごとにあるのではるかに数は多くなる。**図9.2** の形をもとに、最上層からスタートして下へ

$$W_{1L}, W_{2L}, W_{3L}, \cdots\cdots \quad （第 L 層）$$
$$\vdots \quad \vdots$$
$$W_{12}, W_{22}, W_{32}, \cdots\cdots \quad （第 2 層）$$
$$W_{11}, W_{21}, W_{31}, \cdots\cdots \quad （第 1 層）$$

とおく。ノードの個数は層ごとに異なるので明示していない。なぜL，L－1，…，2，1と挙げたか、それがポイントである。目的は、最上層（L）の出力 **y** が本来当てるべき基準値 **t**（教師データ、と呼ばれる）によくフィットするかの誤差値、ハズレ（ミスフィット）の2乗値の和

$$E = \| \mathbf{y} - \mathbf{t} \|^2 =_i \sum (y_i - t_i)^2$$

である。**y** の式は煩雑になるため、いまは省略する。

あとで厳密に考えるとして、イメージとしては、Eをwに対する高さと見立て、等高線の情報をもとに'すりばち'の最低点を探す作業である（図9.4）。また誤差Eの最低値を探すということは、逆に考えると、尤度の最大値を探すことと同じ意味ももつ。まず、手始めにwの初期値からスタートし、これが最小になるよう降下の移動（修正）を重ねながら（入口からの谷下り）、上記すべてのwをEの最適な値に到達させるため、多変数の関数の最小値を求める微分積分計算（最急降下法）はユニットと

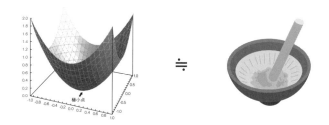

図9.4 'すりばち'の高さ最小の最低点を探す（イメージ）
ここがwに相当する。

しては楽だが、作業量は相当に大ごとである。微積分の知識から E を w_{ij}（第 j 層の第 i ニューロンの重率）で微分するとき、この微分がマイナスであったときには、その w_{ij} を（プラスに）動かせば E を減らすことができ、その中でも最大の減少方向を探せばよい。だんだん底に近づき減少量が 0 に近くなれば、そこが極小値となる。ここでは詳細は述べないが、減少量がピタリと 0 になることはない。あくまで近似値（限りなく近い値）でストップさせることで終える。

◇テンソル量と「TensorFlow」

このテクニックの方程式はそれぞれのユニットでは難しくないが、

— **One point** —

テンソル量

　ベクトル (a_1, a_2, a_3) は a_i という 1 つの添え字（下付き）、行列は a_{ij} という 2 つの添え字をもつ量であり、それぞれ、固有の数学的意味をもっている。3 つの添え字をもつ a_{ijk} が考えられてもよいし（必要なら）、さらに高次になってもよい。アインシュタインの一般相対性理論では宇宙を理解するために 6 次の式 $a_{ij}^{\alpha\beta}$ が出てくる。量を添え字の多様さ（個数）で分類する考え方を「テンソル」という。

　もとは構造力学の用語で「応力」の意。tension（軋轢）の類語。イメージとしては、地象学のプレートや活断層面にかかる圧力を考えればよい。面の方向を表わす（立体幾何学ゆえの）ベクトル (α, β, γ)、面にかかる力（垂直とは限らない）の方向を表わすベクトル (λ, μ, ν)、併せて 6 個の添え字が必要となる。6 次（正式には 6 階）のテンソルである。ただし、これはあくまで語源の話であり、本書の実体とは関係ない。

　意外にも、ニューラル・ネットワークの重みの微積分計算はテンソルと考えるとスッキリする。すなわち、添え字は、少なくとも

　　ⅰ）層番号、ⅱ）ユニット番号、ⅲ）直下層から受ける入力のユニット元番号、ⅳ）出力を直上層へ入力する出力先ユニット番号

を指定しなくてはならない。そのほか、シミュレーションのパラメータ指定の添え字もあるであろう。とにかく、添え字処理が命なのである。

図 **9.2** のとおり、横一列に無数のノードが並び、さらにそれが何列（何段）にも及ぶため、多くの数がかたまりで群をなしているところをそれぞれいちいち微分を繰り返す。微分は 1 通りではないので番号がつく。記号に多様で複雑な添え字（番号）のついた量を、数学では「テンソル量」（tensor）というが、NN の問題は、そのテンソル演算に帰する。ここから先はとばしてもよい。

この演算に適するものとして、米国 Google 社の開発したプログラミング言語の作業環境（プラットフォーム）である「TensorFlow」が挙げられる。このソフトウエアライブラリはオープンソースであり、テンソル量を流体のイメージで展開していくことができる。また、これと同類のプラットフォームとして、日本のベンチャー企業 Preferred Networks が主導開発している「Chainer」もある。

◇バック（back）の意味：技法にすぎない

最後に、「バック・プロパゲーション」（誤差逆伝播法）の語意について触れておく。この語は計算の技術上の名称であって、本質的に考えていけば、まったく新奇なことではない。

調整すべき重率パラメータ $w_{i\ell}$ の 'ℓ' は第 ℓ 層を意味し、それは構造上第 ℓ 層より上の層にだけに影響している。すなわち、$\ell = 1, 2, 3, \cdots,$ の順で計算するよりは、L, L−1, …, 2, 1 の順に計算した方がよい、それどころか実際それしか最適な方法がないこともうかがわれる。つまり、**誤差をまず最上層から促えてスタートする**ことが自然である。この動きを表わして、誤差が逆（下）方向に伝わり及んでいくことから、バック・プロパゲーションの名前がつくのである［プロパゲーション（propagation）は、もとは「伝播」あるいは「伝搬」の意。類語にプロパガンダ（宣伝）がある］。

ただし、この '後部' からの思考法は、最終端で最適化を評価する段階的数理モデルではありふれたものである。目的を達するに段階がある場合、**最終段階**で目的が達せられるためには、**その前の直前段階**ではどうな

らなければならないか、そのためには、さらにその前には……という考え方は合理的である。計算上のテクニカル面はとにかく、発想としては新奇なものではなく、むしろ'当たり前'である。その論理を実行すればよいが、そのテクニックに多少の工夫が要るだけのことである。

　同様の思考法の一例として、オペレーションズ・リサーチ（計画の効率性を求める科学的技法）の中の「動的計画法」（dynamic programming）における「後退帰納法」（backward induction）が挙げられる。また、展開型ゲーム（樹形図で図示できるタイプのゲーム）理論の中の「部分ゲーム完全」（subgame perfect）なども後退帰納法をよく利用し、これに近い。

9.3 手書き数字キャラクタの判別学習 ——くせ字の判読は機械が得意？

　人の書く文字は十人十色で、だからこそ現代では、その'サイン'がクレジットカードの'最後の鍵'としての役割を果たしていることが多い。'サイン'の複雑さに比べれば'4桁の暗証番号'など、'回転式カンヌキ'ぐらいの安全性しかないともいえる。ところがいま、その'手書き文字'の機械学習が着々と進められている。最近は草書体まで判読可能というニュースもある。そうであれば顔認証もその先にある。

　それらの一例として挙げられる代表的なものに、手書き数字キャラクタの判別がある。キャラクタ、あるいは写真を、メッシュに切ってドット化し、その白黒情報を入力すればよい。**図9.2**ではドット情報は12次元の入力データである。実際の処理は膨大であるため、概要にだけ触れてみよう。最下層は画像ドット（20×20＝400点とする）の黒白度で5段階とする。すなわち1〜5の400次元データ、教師は0〜9の9通りである。

◇ MNIST データベース

　「MNISTデータベース」と呼ばれるものがある。米国の「国立標準技術研究所データベース修正版」（modified National Institute of Standards and Technology database）であり、その中に機械学習用の標準

…今日の数学のテスト、失敗して、気分悪い

わかっていたよ

え、わかるの？　顔色読めるの？

ウン、わかる。第一、飼い主の顔でちゃんとわかる。忠犬ハチ公の像が渋谷にあるじゃない。ハチ公は主人の気持ちまで読んだかも

的トレーニング・データとして標準とされ、各 10 種（0〜9）の手書き数字キャラクタが収集されている。手書きの主は米国国勢調査局職員で、うち 6 万字がトレーニング用、1 万字が検証用である。1 字あたりは 28×28 ピクセルに適するよう作られている（**図 9.5**）。

このデータを、前述の NN で扱うことを考えると、784 次元（！）のデータから 10 通りの softmax 値が計算され、数字キャラクタ（0〜9）が判別される仕組みとなる。これは第 3 章で紹介した「150 通りの 4 次元データに基づく 3 通りのアイリスの種へのベイズ判別」と本質的に同じだが、次元数、サンプル・サイズ、カテゴリー数など、課題の規模が途方もなく大きいという特徴があり、本書上での試算は大変難しい。

もっと詳しい処理方法について興味がある方は、多くの機械学習専門テキストが MNIST データベースを取り上げているため、そちらを参照いただきたい。洋書となるが、いくつか推薦図書を挙げておこう。また、インターネットで MNIST データベースは取得できるため、そちらも見てみるとよいだろう［http://www.cs.nyu.edu/~roweis/data.html（2018 年 3 月現在）］。

ここまで、本章はベイズの定理の発展解釈から始まって、いろいろな有

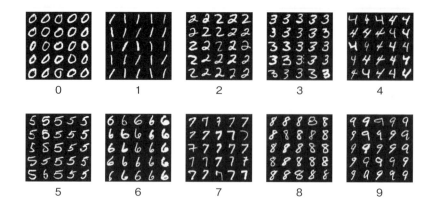

図9.5 MNISTデータベース内の手書き数字キャラクタ
(http://www.cs.nyu.edu/~roweis/data.html より一部抜粋)

用な関数を紹介した。どれも複雑であり、一瞥するとわからないが、その内側はやはりベイズ的本質が保たれていることが理解されたと思う。

推薦図書：

Geron, A., *Hands-On Machine Learning with Scikit-Learn and TensorFlow: Concepts, Tools, and Techniques to Build Intelligent Systems*

Goodfellow, I. et al., *Deep Learning*

第 10 章

The Singularity is Near の '予定された世界'

「シンギュラリティ」の戸口に立つ

第10章

The Singularity is Near の '予定された世界'
── 「シンギュラリティ」の戸口に立つ

"悔い改めよ、天国は近づいた"

(新約聖書「マタイによる福音書」3 章 2 節、新共同訳)

"もろもろの天は神の栄光をあらわし、大空はみ手のわざをしめす。"

(旧約聖書「詩篇」19 編 1 節、新共同訳)

"Never let me go."　　　　　　　　　(Kazuo Ishiguro, *Never let me go*)

"ビル・ゲイツ「あなたの楽観論はほとんど宗教的だね。私も楽観論者だが。」
カーツワイル「まあ、そうだ、宗教は新しくならなければならない。もともと、宗教というものは人がどのようにして '死' を乗り越えるかが大切な役割だからね。実際今までのところ、死について前向きでできることはこのほかにない。」"　　　　　　　　(Ray Kurzweil, *The Singularity is Near*, p.374)

"参りたる人ごとに山へ登りしは、何事かありけむ。"

(吉田兼好『徒然草』第 52 段)

"大きな整数の効率的な因数分解はここ 10 年ほどで重要問題になってきている。なぜなら標準的な公開鍵暗号系はこの問題の解がまったく困難であることに依っているからである。少なくとも 2000 年の現在、2 つの 150 桁の素数の積の因数分解は事実上不可能で、実際のところ、最善の因数分解アルゴリズムを用いたとしても所要時間は何十億年と推定される。"

(Yu. I. Manin, *A course in mathematical logic,* p.322-323)

10.1 ▷ *The Singularity is Near* を読み解く

10.1.1 ▷ はじめに

　少なからず AI に興味を示す者であれば、おそらく「シンギュラリティ」という言葉を聞いたことがあるだろう。巷でいうところの、"AI が人間を超え、AI に人間が支配される" という一部あるいはかなりの人々の懸念とともに、近年とくに話題になっているキーワードである。

　人々の「シンギュラリティ」への関心のきっかけとなったのは、**カーツワイル**（R. Kurzweil, 1948-）の著した ***The Singularity is Near***（『シンギュラリティは近づいた』）という 1 冊の本である。原著の出版は 2005 年であり、その後いくつかのダイジェスト版の邦訳はなされているため、目にしたことのある方もいるかと思われる。ただし、邦訳は著者の思想の中核はカットしていて、このこと自体もカーツワイルの論題になる。

　原著をきちんと読み進めていくと、上に挙げたような、'AI による支配' など示唆していないとわかる。また、本当に「シンギュラリティが来る」と予測した意味とその真意、あるいは人々の誤解も見えてくる。

　そこで、自論を伝えるより先に、本章では統計学者であり宗教、信仰に関心のある筆者の視点から、原著を簡略にまとめて紹介しよう。既存の邦訳にはなくある意味度し難い、著者カーツワイルの立ち位置と信条にも触れるので、「シンギュラリティ」という概念の新しい理解の一助となれば幸いである（原著を既読であれば、第 11 章に進まれてもよい）。

10.1.2 ▷ 立ち位置を知る

　まず、同書の立ち位置を確認しよう。

　書名は *The Singularity is Near：When Humans Transcend Biology* で、サブタイトルは「人間が生物学を超えるとき」である。全 9 章（**表 10.1**）、巻末注、索引を含め 652 ページある。そのうち、巻末注だけ

で100ページを超えており、索引も約50ページあるという大変なボリュームだ。

　書き方は概説読み物風であるが専門用語（例：「スパム・フィルタ」「量子コンピューティング」）も多い。同書を技術*の基本原理の概説書とみるか、雑駁な技術評論本や手の込んだ品の悪い「未来学」の再演とみるかは、（読み切った）読者の判断次第である（筆者には少なくとも、後者のようにはみられなかった）。

　　*たとえば、ベルヌーイの流体力学の定理から航空機の飛ぶ原理に言い及ぶなど（なお、今日この巷説は誤りであることが指摘されている。松原望『ベルヌーイ家の遺した数学』参照）。

　それはとにかく、厚さだけでも4cm近くあり、圧倒されてしまう場合もあるだろうから、本書なりのアウトラインをあらかじめ示しておくのも、悪くはないだろう。

表10.1　*The Singularity is Near*の目次（抜粋）

Ch.1　The Six Epochs
Ch.2　A Theory of Technology Evolution: The Law of Accelerating Returns
Ch.3　Achieving the Computational Capacity of the Human Brain
Ch.4　Achieving the Software of Human Intelligence: How to Reverse Engineer the Human Brain
Ch.5　GNR: Three Overlapping Revolutions
Ch.6　The Impact…
Ch.7　*Ich bin* ein Singularitarian　［英：I am a Singularitarian］
Ch.8　The Deeply Intertwined Promise and Peril of GNR
Ch.9　Response to Critics

10.2 GNR とその先にあるもの

カーツワイルは Ch.5 GNR：Three Overlapping Revolutions（「GNR：3つの革命が同時に」）で、シンギュラリティを構成する3つの革命として、G（genetics、遺伝学）、N（nanotechnology、ナノテクノロジー）、R（robotics、ロボット工学）を挙げ、まとめて GNR としている（*The Singularity is Near*, p.205-）。

遺伝学（genetics）は、情報と生物学が出会う領域（交叉点、intersection）である。実際、ワトソンとクリックは「私たちが提案した対合［塩基が対（つい）になっている］という独特の考え方を採るなら、即、遺伝物質がコピーしうることに通じるということを、私たちが見逃すことはなかった」と述べているが、コピーできることこそ情報の本質である。カーツワイルは原書20ページを挙げて遺伝子を情報の視点から説明する。「シンギュラリティ」の点から一点興味深いのは、不老不死つまり永遠に生きられるか（Can we live forever ?）の課題である。家屋を例にとれば、メンテナンスとして手入れと補修、環境からの防護を完全にすればたしかに寿命に限定はなくなる。しかし、カーツワイルは唯一の違いは**生命にはメンテナンスの完全な情報がない**ことを指摘する。

次にナノテクノロジー（nanotechnology）については、生物学者パスツールがかつて「無限に小さいことの役割は無限に大きい」と述べ、また指導的物理学者ファインマンも「究極的に、本当の将来、原子をわれわれの望む通りの列に並べられるか、という最終課題（final question）を考えてもいいのではないか、原子そのものですよ！」と述べているが、たしかにナノテクノロジーは物質世界（私たちの身体、もちろん脳も入る）を作り直すツールになるだけの見込みはある。カーツワイルが「シンギュラリティ」において**知能だけでなく生物体ぐるみ**で人間が超えられてしまうという論点の基点も実はここにある。

さて、ロボット工学（robotics）は当然 AI を論ずるが、とりわけ「強い

AI」(strong AI）を課題にする。「心と機械」(mind and machines）を科学、数学基礎論として哲学的にまで考えて（ゲーデルやチューリングの世界）、今日はこれらはまだ臨界以下（sub-critical）だが、ひとたびそれが臨界を越えれば（super-critical）、**心と機械の間のやりとり**で質的変化がもたらされるとの考え方がある。［臨界（critical）は原子物理学の概念で、原子核反応が本格的に開始するギリギリ境目の状態］。これも「シンギュラリティ」の中心課題である。思うに、人々が心配するように**心が機械に乗っ取られる**よりは、むしろ大々的なやり取りによって双方に起こる質の変化がどのようなものかの見通しと評価が「シンギュラリティ」に言い表わされている。西欧人には神概念があらわれるが、日本人はそれとどう向き合うか、明治以来の黒船再来の大きな文化、思想の課題でもある。

　また、カーツワイルはこれら GNR に関する記述の、とりわけ R の重要要素としてベイズの考え方に基づいたスパム・フィルタ（単純ベイズ判別器）、ベイジアン・ネットワーク、医療用 MYCIN（伝染性の血液疾患に対する投薬判断システム）、ニューラル・ネットワーク、また会話データの確率的ルールとして——ベイジアン・ネットワークでも——重要なマルコフ連鎖モデルを挙げている。本書をここまで読み進めてきた読者にとっては、ほとんどが馴染み深い言葉であることだろう。

　この、シンギュラリティの革命のひとつにベイズ統計学が大きな要素として含まれていることは、実に自然である。繰り返しになるが、「ベイズ統計学」にはおのずと人間の知能や情報に向かう実質が含まれている。

　このように、GNR をはじめ各分野からの実質が AI 技術において融合して、はじめて AI は成り立つ。単純な目で見れば、『シンギュラリティ』は GNR の概説書として読むこともできる。ただし、実はそれは前菜で、その後がフルコースのメインの始まりなのである。

10.3 「シンギュラリティ」の数学上の意味

書名に用いられている「シンギュラリティ」（singularity）は、元は解析学（微分幾何学）の用語で**特異点**と訳される。曲線や曲面が、ある位置で周辺とは'ガラリ'と大きく変化して、際立って異なる様相を呈する点である。尖ったり、鋭く∞へ伸びたり、−∞への深い穴が開いたり、渦ができたりする'異常点'とも形容されよう。1つの図に、あるとしてもたいてい1、2点くらいしかなく、もちろんいい・悪いもない。数学的には扱いが難しく、予想もしがたい（その意味では厄介な存在である）。高校数学には登場しないため、世の中のほとんどの人は目にすることも稀である。

このように述べると何やら想像が難しくなるが、自然はむしろ特異点に富む。「鳴戸の渦」はその好例で、このように通常でない海面の点は近海でも唯一である。とはいえ、起こる条件があって起こるのだから、異形といえどもむしろ必然的である。極大の宇宙では地球「生命」自体が極端に確率的に低く、（あるいはだからこそ）特異点にほかならない。

図10.1は（a）$y=x^2$, （b）$y=\pm\sqrt{x}$, （c）$y^2=x^3$のグラフだが、（a）,（b）には特異点はなく、（c）では原点$(0,0)$が特異点である。カーツワイルは同書で（d）$y=1/x$で$x=0$を特異点として例示している。同書の内容にふさわしいからと思われるが、典型例ではなくこれを挙げる数学者は少ないであろう。

同書では、数学的な「シンギュラリティ」は**技術的特異点**のように'例え'として使われているが、それはカーツワイルが最初ではなく、半世紀以上前に慧眼のフォン・ノイマンが先駆けとして用いている。カーツワイルの場合は例えがさらに深化し、これから**人類が経験するであろう大変化のシンボル語**になっている。

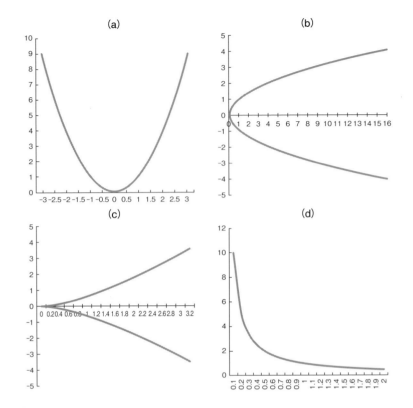

図 10.1 特異点
(a) $y=x^2$、特異点はない。
(b) $y=\pm\sqrt{x}$、特異点はない。
(c) $y^2=x^3$、原点 (0,0) が特異点である。
(d) $y=1/x$、$x=0$ が特異点である。

10.4 「シンギュラリティ」の意図するところ

さて用語の詮索は止め内容に入ろう。結局のところカーツワイルのいう「シンギュラリティ」とは何か？

それは大がかりな予測であり、AI 技術の現在の進展の統計的法則から、2040 年代（さしあたり 2045 年）に**人類生活と社会が、過去や現在とは様子がまったく似ても似つかぬ、文字通り有史以来の新次元の変化**（英語

では transformation）**についに突入する**、というものである。有史以来というのも誇張ではなく、人間が「生物」である存在さえ超える可能性があるとしている。それは同書を読む以前からの推測でも、あながち誇張とは思われない。人間の知能の一部はすでに AI に依り、今後もそれは加速し、生命活動はゲノム解析（バイオインフォマティクス）の領域に入り、人工臓器もナノテクノロジーによって有望視されている……。しかし、だからどうだというのか。

そこからが同書の真髄である。同書は大まかには技術書に入るが、技術者にありがちな熱っぽさは感じさせず、術（AI）は理論が生み出すものとして、各原理とその背景を著者なりに一つ一つ述べていく、淡々とした書き方がなされている。そうして現在までの技術解説がすんだあと、（あるいはそれを前振りとして）著者の思いがだんだんと広く思想、哲学、宗教にまで展開されていくが、それに合わせて読み通すには、多方面、他分野の知識と、解放された広い心のもち方が必要である。邦訳の中には、この領域を意図的に避けているものがあるが、それでは本質部分を失うことになるのではないだろうか。これでは読者のせっかくのチャンスも活かせないであろう。

10.4.1▷ AI の将来は「明るい」のか？

著者は、

> "私が 1974 年に光学文字認識（Optical Character Recognition, OCR）と会話合成開発の企業（Kurtzweil Computer Products）を始めたとき、……"
> （*The Singularity is Near*, p.97）

と述べているように、AI において技術開発の頂点を極めた実績のある人物である。また近年 Google 社とも手を組んでいる。

Microsoft 社の創業者の一人であるビル・ゲイツ（W. H. "Bill" Gates

III, 1955-）も、

"人間精神の発展の行く末に対し、根源的で明るい見方として、私の知る限りこれ以上の人物はいない。AI の将来を最適に予測してくれるだろう。"
（同、裏表紙）

と推薦文を記している。

　だが、未来について、本当に「根源的」（radical）とか「明るい」（optimistic）ということは、そう簡単に述べられるはずはない。カーツワイルは**技術論を越えたところに**どういう将来を見通したのだろうか。

10.4.2▷「シンギュラリティ」という語に込めた想い

　「シンギュラリティ」という言葉は、同書内でいろいろな使われ方をしているが、初出での定義は比較的明確である：

"技術変化（technological change）の速さがあまりにも速くその影響も深いため、人類の生活（human life）が、不可逆的に［つまり、後戻りできないくらい］形が変わる（irreversibly transformed）ような、将来時期（future period）をいう。"
（同、p.7）

　この 1 文の中の「変化」として change と transformation（トランスフォーメーション）の双方があるが、後者の方が程度が大きく、まったく '一変' することをいい、しかも元に戻りえないものを指す。

　また「技術変化」といっており、「技術進歩」としていないことにも着目したい。カーツワイルは基本的には楽観論者であるようだが、技術の意味については盲目的ではない。

　さらに「シンギュラリティ」はまずは '時期' であることが注目される。また「社会」だけでなく「人類」（human）自体の存在が影響を受けると

している。そのような定義であれば、'God'のような超越的な次元も関わってくる可能性があり、実際関わらせているのが同書である。

また、さらに次のようにも解説している：

　　"シンギュラリティが差し迫っているという考え方のもとになったのは、人間の作った技術の変化がますます速さを増し、その力が指数的速さ（an exponential pace）で拡大しているからにほかならない。[実際]、指数的成長というものは見かけによらない（deceptive）。ほとんど気づかぬように（imperceptibly）始まりながら、次いで想像もしなかった（unexpected）激しさで爆発する。想像もしなかったとは、注意く成長の経路を見守っていないと、ということである。"

(同、p.7-8)

　指数的とは、等比数列的な（2倍ごととか、1.5倍ごととか、1/2ずつなど）増加あるいは減少をいっている。しかも、それは人間の作り出した（man-created）増加であって、制約のある自然利用の技術（エネルギー資源）とは根本的に異なる。これについてはあとで触れる。

10.4.3▷ 先人たちの予想

　同書での「シンギュラリティ」を予測し、現在のさまざまな人の目が届く場所へ運んだのはカーツワイルかもしれないが、もちろん、比類した'何か'を予想した先人は複数いる。前述のフォン・ノイマンをはじめ、同書で挙がっているいくつかの引用を紹介する。

　　"果てしなく続く技術進歩は……人類史の中である種の本質的なシンギュラリティに近づいているらしい様子を見せるようになっている。まさに、そこを超えると人間的なことが持続できなくなるあの点である。"

（*The Singularity is Near,* p.11、"伝説的な情報倫理学者" John von Neumann の言葉。Ulam, S., John von Neumann 1930-1957. *Bull Amer Math Soc 64*：1-49, 1958）

とりわけ、「知能」という点でも先人はいた：

"間違いなく、（人間の関与しない超知能的、*ultraintelligent*）「知能の爆発」が起こり、ふつうの人間知能ははるか後ろに取り残されるだろう。"
（*The Singularity is Near,* p.22、アメリカの認知心理学者 Irving John Good の言葉。Good, I. J., *Speculations Concerning the First Ultraintelligent Machine,* 1965）

カーツワイルと同時代の人物でももっと深く読んでいた。進化論的に：

"動物は問題に適合できるし発明もする。ただし、その速さで自然選択には勝らない。……私たち（人間）は自然選択よりも何千倍も速く多くの問題を解くことができる。"
（*The Singularity is Near,* p.22、州立サンディエゴ大学数学・計算科学教授 Vernor Vinge の言葉。Vinge, V., *The Technological **Singularity**,* 1993）

このように「シンギュラリティ」という言葉は昔から、さまざまな角度・意味合いで提唱されているため、今回のカーツワイルの「シンギュラリティ」がどのような定義で、どのような意図をもって使われているかを十分に理解して、誤解なく読み進める必要がある。

|10.5| 統計的な証拠

カーツワイルは、Ch.2 A Theory of Technology Evolution: The Law of Accelerating Returns（「技術進化の理論：加速的利益の法則」）で、同氏が「シンギュラリティ」の時期を割り出すに至った、統計的な証拠について述べている。

技術変化が広く指数的増加（生産量、生産効率、効能など）、指数的減少（価格、必要量など）の法則を示すことについて、相当の時系列の証拠がある。それが同書のエビデンスの支えになり、同書の価値を高めている。

法則は「技術進化の理論」として「**ムーアの法則**」（Moore's law）との関連で詳しく論じられている。この法則は、インテルの共同創始者 G. ムーア（G. E. Moore, 1929-）が、「決まった大きさのチップに組み込まれるトランジスタの個数（性能）は 2 年で 2 倍になる」（Cramming more components onto integrated circuits. *Electronics Magazine*, 1965）と述べたところによる（一説では、1.5 年とされる）。

ご存じのとおり、指数的変化は対数変換すれば時間に対し一次関数（直線）となる。そこでトランジスタ価格 p の時系列データを挙げ、技術進歩の一端の要約をしておこう（**図 10.2**）。

試しに、回帰直線は年 y（西暦－1900）に対し、

$$\log p = -0.191\, y + 12.773 \qquad (R^2 = 0.982)$$
$$(-42.5)$$

で、直線に対する当てはまりもきわめてよく、これより価格半量年数 $= \log 2 / 0.191 = 1.573$（年）となる。ムーアの法則から大きくは外れていない。そのほかにも、ムーアの法則に則った事例としては、**DRAM**（半ピッチ）サイズ（5.4 年）、**DRAM** 価格（bits/\$）（1.5 年）、トランジスタ平均価格（1.6 年）、**MIPS** 内プロセッサパフォーマンス（1.8 年）、マ

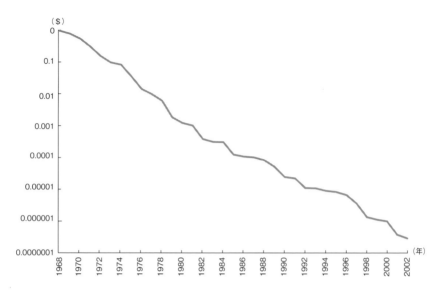

図 10.2 トランジスタの平均価格（$、対数）
The Singularity is Near, p.59 よりデータ読み取り。各年の数値データは略す。

イクロプロセッサクロックスピード（3.0年）などが同書内で挙げられている（いずれもコンピュータ関連用語である）。

　また、カーツワイルが専門としていた会話合成の分野でも、技術の進展は著しい。同氏の会社の自動会話認識ソフトウエアにおいても例外ではなく、同社の調査によると、1985年には、$5,000で1,000語の処理がやっとであった製品が、1995年には$500で10,000語、2000年には$50で100,000語と、処理能力が10^2倍ずつ上がったという。また、使用前の使用者トレーニング（おそらく声質を学習させるなど）の時間も、180分、60分、5分と、飛躍的に短縮され、音声の認識率も向上した。

　このような数々の統計学的実例に基づいて、カーツワイルはシンギュラリティの'時期'を予測したのである。

10.6 シンギュラリティは 'いつ' か

10.6.1 2030年代における知能のキャパシティを経済計算する

カーツワイルは、いよいよ Ch.3 Achieving the Computational Capacity of the Human Brain (「人間の脳の計算キャパシティ」) で、'シンギュラリティが予定された日' (Setting a Date for the Singularity) について述べている。

そこで挙げられているのが CPS という単位である。同書ではフルスペルが紹介されていないように見受けられるが、おそらく counts per second (計算毎秒) の略称で、本書ではおおまかに、コンピュータの性能指標のひとつであるとだけ理解していれば問題ない。

カーツワイルは、この CPS について、2030年代初期には $1,000 出せば、$10^{17}$ cps (アプリケーションおよびネット経由による計算ベースでは 10^{20} cps) の計算処理 (演算) を購入できる見通しであると述べている (この前提値はナノ・コンピューティングとその原子論的限界を根拠とする推算によるものだが、引用は省略する)。一方、現在、年間 10^{11} (1,000億$) を演算に出費しており、2030年には控えめに見積もっても 10^{12} までその額が伸びるとも予想している。

この2つの情報から単純に計算してみると、2030年代初期には、年間 $10^{26} \sim 10^{29}$ cps 程度の非生物学的 (nonbiological) な演算を生み出すことができるようになる。そして、この値は、おおまかではあるが、現在の全人類の生物学的知能能力 (capacity of all living biological human intelligence) の推定見積もりに等しいという。

等しいとはいうものの、同じであれば追い越されることもないではないか、と思う人もいるかもしれない。ところが、われわれの知能の非生物学的部分 (≒機械) は、さらに強力になる、とカーツワイルは続ける。

なぜなら非生物学的部分の知能は、記憶および技能のシェアによって人間知能のパターン認識力を身につけ、さらに機械としてのメモリ精度を

もって、本来的にはいつでも最大能力で処理することができる。ところが、今日の生物学的人類の文明ではこの非生物学的 10^{26} cps の能力の利用効率は限りなく低く、'さっぱり上手に使いこなせていない'のである。

10.6.2▷ 2040年代中頃にシンギュラリティに到達する

ところが、2030年代初期の演算状況では、まだシンギュラリティとはいえない、とさらにカーツワイルはいう。なぜなら、2030年代初期では、われわれの知能が'深く拡大した'ことにはなっていないからである。

しかしながら、この試算を続けると、2040年代中頃には、さらに演算能力が高まり、$1,000出せば、誰でも 10^{26} cps の演算（つまり人間知能と同じ処理能力）を入手できるようになる。そしてこの時、（年間 10^{12} のコストをかければ）年間知能生産量は現在の10億（1 billion）倍に達することすらできる。

> "これこそ深い変化といえよう。そして、それが私（カーツワイル）がシンギュラリティ——人間能力にとって深く、かつ分かれ目になる大変化（transformation）——の日付を2045年とする理由である。"
>
> （*The Singularity is Near*, p.136）

つまり、カーツワイルのいう「シンギュラリティ」は本章冒頭に書いたように"人間が AI に支配される"などというある意味単純な問題ではなく、人間そのものが'AI をはじめとする非生物学的知能'を'手に入れて'、人間社会がそして人としてのあり方そのものが'変質'するというような、まさに'特異点'なのである。

表10.2 6つの紀

紀[*1]	パラダイム[*2]
1	物理学・化学
2	生物学
3	脳
4	技術
5	人工知能人間知能接続（シンギュラリティ）
6[*3]	宇宙の人格存在化

[*1] 地質年代になぞらえ、進化の epoch を「紀」と訳したが正式訳は「世」。
[*2] 明確に「パラダイム」とは明示していないが、文中説明に散在する語。
[*3] conscious（意識がある）、wake up（意識をもつ）などは、心理学的意味を基礎とし、倫理的人格的次元まで達している。そこで「人格的」との意訳を仮訳として与えた。

10.7 6つの紀——進化のパラダイム

10.7.1 「第5紀」でシンギュラリティ

　これまで述べてきたことは技術のひとつの変遷の予測であり、技術である以上、変化は諸段階を踏む。そして各段階（紀）は、大きく「パラダイム」によって支えられ、遂行される。カーツワイルが挙げる6つの紀、6つのパラダイムの変化は**表10.2**のとおりである。

　一見、どういうつながりだろうと、悩む人もいるかもしれない。同書では、各紀の詳細な説明もなされているが、ここでは略す。各段階を追っていくと、6つの紀のうち、第5紀でシンギュラリティを迎えると、カーツワイルが記していることに着目してほしい。

10.7.2 「第6紀」とは——シンギュラリティ以降

　カーツワイルのこの構想では「**第6紀**」が地平線として設定されており、シンギュラリティはまだ到達の中間段階にある。現在は「シンギュラリティが来たら、いろいろとオシマイだ！」とヒートしていることもあるが、**オシマイにはならない**のである。

　ここで同書の内容も様相が一変し、混乱する読者も多いだろうが、そこ

205

はカーツワイルも予想の上である。カーツワイルはエンジニアとして第5紀までを職業的に構想してきたが、その先があるとの思いが生まれ、まさに本書を作るに至った。

'知能'といえども、元来は生物体としての人間のものである。カーツワイルは同書で、それがシンギュラリティを迎えたあたりから、人間がAIやコンピュータを自身の知能の一部として活用できるようになる、つまり、プログラミングされ「人工」(artificial)の知能になりうると論じている。カーツワイルはここで、**人間は生物学の対象を超える**、まさに**When humans transcend biology**（同書サブタイトル）というのである。

人間性が「失われる」というよりは、人間性が生物的存在を「超える」(*transcend*) のである。ここでカーツワイルは多くの人々の反感・反発を呼ぶだろうが、私たちも、遺伝子治療が黙認され、臓器にも人工的手段が多く入りつつある現在のことを、当たり前であるのか、以前も当たり前のことであったか、この先は本当に受け入れられるものであるのか、冷静に考える必要がある。

10.7.3▷ 唯物論的構想はなぜか

カーツワイルが第6紀を構想するに至る経緯と真意は、次項で述べるが、**第6紀が目的で第1〜5紀までは方法論**だとすれば、**表10.2**の一見不具合で唯物的な並びにも一応の理由を見出せる、ということはあらかじめ述べておきたい。これはある意味、'人間'としての'思想'の辿る道筋であるといえるのである。

というのも、哲学的には、目的が観念的な存在（思想、宗教など）であるとき、それを誤りのない純粋な構成にするために、唯物論のもっている明晰で平易単純な論理展開をあえて方法的に利用する思想戦略がある。それは悪いことではなく、ただ唯物論を批判することにも当たらない。実際、近代初頭の多くの啓蒙思想家、哲学者はその構想をもっていた。ただし、目的が十分に達せられたかは評価の重要な分かれ道になるであろう

し、たとえば宗教が人間の帰依の行為をいざなうべきものとすれば、目的の達成の基準はそこにある。カーツワイルは世の中の動きにどのような‘目的’を見出して、どこへ私たちが‘いざな’われていくとしているのか。そしてそれは‘達成’されるのか。

これは筆者には、実際2045年になってみないと決せられないと思われ、このさまざまな変化の速い時代に、30年近く後のことなどは想像を絶し、いまは懐疑的にならざるをえない。

10.8 カーツワイルの「第6紀」の構想

カーツワイルがどのように「第6紀」（Sixth Epoch）を構想し、どのような真意が込められているかを考えるとき、やはり同氏の‘人となり’が重要になる。そしてわれわれ日本人（この場合、国民のほとんどが外から見ると無宗教に近く、各宗教の祭りや催しをも古来からの自然信仰とともにすんなり取り入れるようなおおらかな観念の持ち主として）にはピンとこないかもしれないが、西洋的意味における‘宗教性’は、本来は、その人の倫理観や行動の根拠を測るうえで大切なキーポイントとなる。

10.8.1 著者の出自と「スピリチュアリティ」

Prologue The Power of Ideas（「アイディアの力」）の冒頭で、カーツワイルは自身の出自について、こう切り出している。

> "両親はともに芸術家だった。ホロコースト（ユダヤ人に対する大量虐殺策）から逃れたあと、私には、よりこの世的（worldly）で、かつ、より視野が狭く（provincial）なく、より宗教的（religious）な面を出さない育て方をしてくれた。したがって私の霊的（注：スピリチュアル、宗教・信仰面を中心とした精神的な側面）な発達はユニテリアン派教会（Unitarian Church）で育まれた。"　　　　（同、p.1）

ユニークな表現であるが、根底で筋が通っている。同書は（『○○が近い』という書名も含め）このスピリットの真髄が形をとったもので、カーツワイルなりの意図も思い入れも十分に伝わり、理解と尊敬に値する。

'宗教的でない'といいながら、実は「ユニテリアン」という宗教的思想をもっている。実はこの微妙なバランスこそが、カーツワイルの思いを支える支点である。

ただ、筆者も動機では十分に共感はするものの、それ以上にはどうしても達しない。ましてやこのような傾向を、難解で毛嫌いする読者も少なくないだろう。本書では、次項でカーツワイルの構想をなるべく、宗教用語を除いた平易な言葉として紹介する。

10.8.2▷「God のみ」のユニテリアン

◇ God

さて、「ユニテリアン」とはなんだろうか。カーツワイルの心の変遷に、主体的に（'私'という目線から）寄り添って、考えてみる。

ユニテリアンは一般にはキリスト教の一宗派といわれており（ただし、相当の議論がある）、理解するにはキリスト教の起源であるユダヤ教から始めたい。「ユダヤ教」は、唯一至高万能の人格神 God を信じることにより、いずれ歴史の終わりにおいて（これを「終末」という）、罪深い人類が救われ清められる救済の宗教である（ただしユダヤ教は民族宗教であり、「人類」とはユダヤ民族のみを指し、それ以外は「異邦人」である）。その宗教はそれとして、'私'（カーツワイル）の両親は、思いやりから、息子には、明るく広く、堅苦しくない生活を与えた（そのため、'私'は'私'の宗教を心の奥深くにおき、忘れないが、決して自ら口外しないだろう）。

◇民族宗教から普遍宗教へ

歴史のあるとき、このユダヤの救済の宗教は、一人のユダヤ人イエスによって、全人類の救済を図る普遍宗教へと改革された（キリスト教）。その根源的な中心メッセージは、人間がどのように人に不可避な、生物学的

な「死」を克服して普遍的に「生」を得るか、であった（'私' のうちにもどこか大命題としてあるように見られる）。だが、'私' を含むユダヤ民族にとっては、当時の険悪な政治状況下で、事情はまったく違って作用した。ユダヤ民族は、偏狭と選民意識を強く糾弾され、ほんの最近まで聖地（エルサレム）からも追放され、以降歴史からも抹殺される苦難をいまも味わい続けている（図 10.3）。結果として、ユダヤ教は反キリストとなり、キリスト教は反ユダヤという、不幸なかかわり方が定着してしまった。

◇ユニテリアンとして

そのように、出自と世間とが対立する宗教をもつカーツワイルの心は、どこにおけるだろうか。'私' はもちろん時代を生き抜き耐えたキリスト教のカッチリした教義はよく知っているだろうし、その意味で多くの人々が「神を信じる」ことは十分に理解している。しかし、キリスト教徒がいう「イエス・キリストを信じる」かといえば、一人のユダヤ人の心情としては 'イエス・キリストなしの神'（ただ God のみのキリスト教、**ユニテ**

図 10.3　エルサレムの風景
ユダヤ教にとってエルサレムは「聖地」である。だが、キリスト教、そしてイスラム教の聖地でもあるため、長い間争いが続いている。意外なことにエルサレムはイスラエルの首都ではなかった。
（撮影：西村晴道氏。提供は氏のご厚意による。）

リアン派）なら心を寄せたい、そんな思いもあったのではないだろうか（ちなみに、キリスト教では、ユニテリアン派はある種の宇宙哲学にすぎず、三位一体の教理に反し教義的には「キリスト教」とは認められていない）。

◇救済の宗教

ただ誤解しては困るが、'私'も人類は救済されなくてはならないと信じていることに昔から何の変わりもない。'私'は、AIのいまのペースのもとで人類は精神の高みに達するが、（皆さんはどう思うか知らないが、）それはたしかに混乱ではあるが同時に大変化であって、人類は**新しい光明**に達する、と考えている。実際新しい救いは現実に遠くない。だから'私'は同書を書いたのであり、ビル・ゲイツもそれは**宗教的だ**とすぐに察している〔実のところ、同書において「シンギュラリティ」を「天国」に置き換えれば、そのまま聖書の言葉になる部分もある（本章冒頭の引用句参照）。そのため、もともと同書をユダヤ–キリスト教的伝統の著作とみる評もあり、その見方からすると、カーツワイルは自らの宗教的出自を著作にしたことになる〕。

いま実体として宇宙が神であることは間違いないが、宇宙がもし意識さえもてばそのとき、それは立派にひとつの人格であり、Godがあらわれるのだ、と'私'は考えている。そこまでを書いたのが同書である（それは本当のGodか偽のGodか？、という質疑は無意味である。むしろ、全宇宙を支配する唯一万能絶対的な神をチッポケナ人間がなぜ判断できると思うのか、と反論されるだろう）。

これがおおむね筆者が通読した上で想像したところのカーツワイルの思考と心埋である。このような思考の流れを、概念を、受け入れるか否かは、読者の個々の判断に委ねたいと思う。とにもかくにも、カーツワイルはこのような背景をもって、同書の著述に取り組んでいる、ということは、知っておく必要がある。

10.8.3⊳ God をめぐる対話篇

いよいよ、同書の到達点である。同書では、各章末に対話文が挿入されているところが、面白い特徴のひとつでもあるが、Ch.7 *Ich bin ein Singularitarian*（ドイツ語で"私はひとりのシンギュラリタリアンである"）に次の対話がある。

Molly という人物と、Ray（カーツワイル自身）の対話である。筆者の読む限り、対話者は明らかにされておらず、他者の立場に立ったカーツワイル自身の自己確認であるかもしれない。そうなれば、重要な論点が洗い出されて明らかになると考えるが、そこは不明である。長文であるため、2 人を A と K として、骨子のみを抽出して再構成してみよう。

A（対話者）「ところで、あなたは神（God）を信じるか」

K（カーツワイル）「さあて、この 3 文字語ね。ものすごく強力な種[meme]だ」

A「God は実感としてよくわかるし、その意味だってきちんとある。ただ聞きたいのは、あなたが信じているそれと、合致しているのかということだ」

K「それなら人の考えは実に千差万別だ」

A「（その千差万別の考えを、）あなた信じているか」

K「何もかもすべてを信じることは無理だが……。God は万能だし人格もある。私たちを見ているし、契約もするし、けっこう怒りもする。……彼──いや、それはすべてを創造し、そのあと（手を）引かれた……」

A「それはいい。だが、あなたはそれらのどれかを信じるか」

K「宇宙があることは信じている」

……（以降、宇宙の定義についての対話が続く）……

A「Godとは宇宙だけなのか」

K「宇宙はものすごく大きく、'だけ'という程度ではない」

A「存在するすべてのものをGodとし、しかも人格的存在だとする人々もいる。とすると、あなたは人格的でないGodを信じている……」

K「そう、宇宙には人格はない――まだね。だが、いずれ人格的になる」

A「興味深いね。ご存じのとおり、Godは天地の創造者として始まるが、（人々から）敬して遠ざけられて［bowed out］いる。だがあなたの視点はその真逆だ。Godは第6紀の間に来る［bow in］というのだから」

K「そのとおりだ。それが私のいう第6紀だ」

（同、p.389-390。カッコ内は筆者の補足）

　この対話をどう受け取っただろうか。

　日本では、技術の飛躍的な話は、発展してもせいぜい社会や現世代の常識に吸収され、いつか消えて終わるのがふつうで、同書のような強烈な預言者的*あるいは終末論的**言説には（少なくともその部分には）、最初から引く日本の読者もいるのも理解できる。また開いてみた者もこれは偽預言者の書あるいは正気の沙汰ギリギリと感じるかもしれない。本書もその感じ方を全否定するわけではないが、この機会に考えてもよい将来的に残る課題ではないかと考え、紹介させていただいた。

　われわれが日ごろ考える習慣や文化にない「人類の行く先」。それはいい未来だろうか、悪い未来だろうか。はっきりいえば、おおかたそれほどよいとは思われない。同書でカーツワイルはそれでもある種の出口を語っているが、日本の読者には文化的にも受け入れがたい内容でもある。これだけ広く長い話題の割には、宗教的面に触れ言い及んだ邦訳の関係書がほ

とんど見当たらない（知る限り 2 冊である）。ことに、自然科学者、技術者は一方で依然として人間中心的な近代の啓蒙の流れと、他方伝統的なアニミズムの中にいて、「シンギュラリティ」そのものを批判する高い立場を見つけ出していない。シンギュラリティに対する反発と拒否も、かろうじてそれは「来ないだろうから論じない」という判断中止の形を取っているだけである。来るか来ないかは大して重要な問題ではなく、この *The Singularity is Near* が扱い難い猛獣であるならば、猛獣使いであるわれわれ人間はそれだけの術をもたねばならない。シンギュラリティは疑いもなく、人間が生み出したものである。そのうえで、ただ人間中心的立場だけから同書を批判することは、ちょうど被告が無知のまま裁判官席に座るにも等しい。

　このような文化さえ変わる弁証法的な発展（止揚、**Aufhebung**）の時が来つつあるのかもしれず、その意味では、「シンギュラリティ」はわれわれ日本の読者にこそ、**一機会として**、意義があるのではなかろうか。

　　*預言者：ユダヤ教、イスラム教において、神の言葉を預かり、民に知らせ新しい世界の到来を告げる倫理的宗教的指導者。旧約聖書にみえるユダヤの預言者としてイザヤ、エレミアなど。「予言者」は誤り。
　**終末論：世界の時間は直線的に過去・現在・未来と流れる以上、世界には歴史の‘最後’があるとするキリスト教神学の教説。死、審判、天国、地獄などを論ずる。もとはユダヤ教思想から由来する。「シンギュラリティ」もこの観念の中に位置づけられると考えてもよいだろう。また、マルクス主義の世界の未来構想の中にもこの断片を見出すことができる。

Memo

第10章

The Singularity is Near の 〝予定された世界〟 —— 「シンギュラリティ」の戸口に立つ

第 11 章

確率と AI と シンギュラリティ

これからの重要ポイント

第11章

確率とAIとシンギュラリティ
──これからの重要ポイント

11.1 ▷「統計学的基礎力」の重要性

11.1.1 ▷ やはり「確率」は不可欠──AIの学び方

◇ *The Singularity is Near* は宇宙哲学

　第10章で紹介した *The Singularity is Near*（以下、「シンギュラリ
ティ」）の展開を知って、皆さんはどう感じただろうか。とにかく、この
端倪すべからざる大著の内容を論ずるのは相当の難事である。

　正直なところ、全訳出さえほとんどの日本人には困難ではないだろう
か。なぜなら、著者はその出自ゆえに、God の観念をもったうえで、そ
の God を超える時代が来ると明言しているからである。ゆえに、本書は
'合理的な'宗教書という側面も併せもつ。これは難物である。

　著者は自ら教派として「ユニテリアン」（Unitarian）を告白している。
ユニテリアンは、簡潔に表現すれば、主流派のキリスト教会の教えのうち
「三位一体（父と子と聖霊）」という教義を否定し、基本的にイエス・キリ
ストは熱心な宗教伝道者にすぎないと考え、'神（God）'だけを取り出し
て強調した信仰をもつ（諸派で差異はある）。それを踏まえると、たしか
に、ユニテリアンであるならば、また、相応の能力さえあれば、この「シ
ンギュラリティ」のような著作は十分可能であり、いつかは書かれるはず
であったろう、とも思える。

　つまり、ユニテリアンは「神」といっているが、神に限りなく近い、し
かしそれでいて神ではない存在を心に浮かべながら哲学している。この哲
学の対象は人間の限りない技術進歩である。哲学は学問であり、決して宗

教ではないが、哲学と宗教の見分けのつかない目には反発すべき対象と映る。しかし、反発ばかりしていて人間の将来から関心を逸らし判断中止の生活をしているなら、それこそAIに乗っ取られる運命から逃れられないだろう。

ただ、多少時代を先取りしすぎたのではないか、という感もある。同書のカバー文を寄せているビル・ゲイツも著者を「この分野のbest author」（最適な著者）と激賞しているが、「この分野」とはどういう分野であるのだろうか？　そして、実のところ重要な何かが欠けていないだろうか？

本章では「シンギュラリティ」に触発された関心のうち、'これからのAIの学び方'について、重要と思われることを解説し、筆者としての「未来」のあり方を考えていきたい。

◇確率なしではAIはムリ

「シンギュラリティ」は、「不確実性」の十分な記載を欠いている。見るところ関心さえ向けられていないように思える。確率について挙げてみれば、「マルコフ連鎖」の'痕跡'らしき'みすぼらしい'解説がたった一段落あるだけである。量子力学における確率についても、いわゆる「コペンハーゲン解釈」にもほとんど関心は払われていない。カーツワイルは、フォン・ノイマンの信奉者ではあるようだが、人間（humans）の行為の不確実性理論である「ゲームの理論」（the theory of games）にもほんの数行、一瞥しただけで通り過ぎている。

むしろ、不確定性は「確率」に丸投げさえしている。実際「確率」ほど深遠で奥深い考え方はなく、数学を凌駕している。さいころを思い浮かべるとよい。さいころで何が出るかを言い当てることはできない。しかし、それでいて出方の確率ルールはある。この不思議と神秘は十分に哲学的であり、さらにパスカルのいうように宗教的でさえある。これは好き嫌いの問題ではない。

カーツワイルがこのような、「現象の本質的不確実性」をまったく無視

第11章
確率とAIとシンギュラリティ──これからの重要ポイント

217

しているとまではいえない。もちろん、彼の場合は決定論的発想で、半導体チップの極端に膨大な数によって（それでも有限であるが）この不確実性に入り込み、不確実性領域をくまなくチップで敷き詰め、ことごとく解消できると考えているのだろう。しかし、そうしたところで、**確率なしで**はたとえば「未来」は本来予見できない。実際、銀河系宇宙まで見通せても、ちっぽけなはずの明日の私の生死でさえ予見できない。これが、「シンギュラリティ」の弱点といえば大きな弱点である（なお、「予測」は現在の延長にすぎず未来には属さない）。不確実性は無限に深く遠く、有限思考からは達することはできず、思考の地平線のかなたである。「シンギュラリティは近い」という言葉は、ある程度は真かもしれないが、同時に「不確実性の地平は遠い」ことが改めて痛感されるだろう。

　だからこそ、「確率」はAIの"芯"であり、これなしではAIの実質部分は作れない。最高のプログラミングや数理計算技法や情報数理に長じていても、**確率なしにAIを作り上げることはできない**。実際、コンピュータ碁や将棋は確率を芯にしている。確率は数学の装いをまとっているが、本質はなかんずく高度なアナログの世界にあり、パスカル、ベルヌーイ、

パスカル　　　　ベルヌーイ　　　　ド・モアブル　　　　ラプラス

図 11.1　確率に触れてきた歴史的先駆者たち
左から、
■ブレーズ・パスカル（Blaise Pascal, 1623-1662）：フランスの哲学者、物理学者、数学者、キリスト教神学者。
■ダニエル・ベルヌーイ（Daniel Bernoulli, 1700-1782）：スイスの数学者・物理学者。
■アブラーム・ド・モアブル（Abraham de Moivre, 1667-1754）：フランスの数学者。
■ピエール＝シモン・ラプラス（Pierre-Simon Laplace, 1749-1827）：フランスの数学者、物理学者、天文学者。

ド・モアブル、ラプラスといった歴史的先駆者も（**図11.1**）、さまざまな確率ゲーム（カード、さいころ、ルーレット、さらには社会事象）の「不確実性」をうまくすくいとっている。また、その発展で現在の確率論の体系ができている。

◇「確率」は「数学」からはみ出る

確率に対しその他の数学は、記号の演算によるデジタルの世界である。世の中の人々は確率を数学の一分野であると思っているが、専門の数学者は伝統的に「確率」に対して一種独特の違和感を抱いている。実際、それはありうることである。むしろ、ロシアの数学者コルモゴロフ（A. N. Kolmogorov, 1903-1987）によって意識的に歴史伝統から切り離され数学化されて以来、あくまで数学に徹した確率論の良書は多い。まるで「いろいろといわれているが、確率的厳密性も数学的に表わされてしまうのだ、何の神秘的なものはない」と言い出す雰囲気である。かえって数学者からも思わず迷惑な'異物'扱いされるくらいであった。

著者もよく引用し、また世界でもっともよく参照される確率論のロングセラー、W. フェラー著、河田龍夫ほか訳『確率論とその応用』（全4冊）（原著：*An Introduction to Probability Theory and its Applications.*）は素晴らしい本で、「入門」といいながら、入門から始めて高度の応用まで、無意味な抽象に落ちることなく、それなりに'悠々たる書き方'で私たちを確率論の広く深い世界に導いてくれる。その方面では世紀の名著であり、おそらくこの書を凌駕する確率論の著書はもう出ないとすら思う。

ところが、書かれた時代背景もあって、この書が「ベイズの定理」（**図11.2**）に触れる部分では，その扱いは'おやおや'というくらい、まことに消極的でそっけない。まず、呼称が「定理」ではなく計算の「ルール」（rule）に格下げされている。次いで、定理は条件付き確率の式表現以上のものではない（nothing more）のに、「原因の確率のベイズのルール」となったと、皮肉を込めてかっこ書きにされている。また、単なる式表現にすぎないから読者として'何ら記憶すべき公式ではない'、とまで

$$P(B|A) = \frac{P(A|B)P(B)}{P(A)}$$

図11.2　ベイズとベイズの定理
トーマス・ベイズ（Thomas Bayes, 1702-1761）：イギリスの牧師・数学者。
ベイズの定理の原型は条件付確率の式であるが（これは高校レベル）、この分母を展開して使いやすくし、かつその解釈を与えたものである。

勧告されてすらいる（advised *not* to memorize）。「原因や結果、因果関係はむしろ哲学の領域で、数式がその表現になるなど行き過ぎである」というのが、つまるところ数学（あるいは数学的確率論）からの視点である。

　正直なところ、この考え方では AI を解き明かすことはおぼつかない。自然科学者や数学者、いや統計学者の一部にさえ、哲学的思考を議論のための議論、無用で非生産的な議論として毛嫌いする向きがある。しかし、ここまでの章で見たように、日常の世界で**「ベイズの定理」**が人間の推論にうまく一致することはもはや否定できない。

11.1.2▷「確率」＋「データ」≒ベイズ統計学

◇ベイジアン（Bayesian）

　現象の厳密な確率計算が正統であった時代は過ぎ、進んで「確率」で人間の主体的認識の確かさや逆に不確実性を表わす時代を迎えている。これを**「主観確率」**（subjective probability＊）とか**「個人確率」**（personal probability）といい、ベイズの定理はさしあたりその代表的な方法であって、この「確率」の考え方をとる人々を**「ベイジアン」**（Bayesian）という。筆者ももちろんベイジアンである。**ベイジアンは「人工知能」の先駆**

者であり、それに近い位置にいるが、これは単に理念的・哲学的なことだけを問題にしているわけではない。

> *subjective を「主観的」と邦訳したのは明治時代の哲学者西 周（あまね）（1829-1897）であったが、本来は主体（subject、主語）を中心とした、つまり「主体的」という意味もあったはずである。言うまでもなく、「判断」とは主体による判断と論理にほかならない。付け加えるなら、ベイズの定理とは**論理**でもある。

　確率のベイズの定理の統計学データ応用こそが「ベイズ統計学」（Bayesian statistics）であり、この定理が実用のデータ分析に生きるのは、データとの組み合わせが直接的かつ密接不可分だからである。これまでの章からわかるとおり、データの分析の基本的な考え方やしくみ（ベイズの定理）も、論理が簡易でわかりやすく、かつ可視的である。データの背景にある現象の因果関係をそのまま事前分布や尤度（ゆうど）に、順当に組み込むこともできる。またデータは確率分布として入力され、その外れ値（ミスフィット）などは事後分布のパフォーマンスに表われるから、データの事前あるいは事後の精査や吟味にも役立つ。逆にいえば、ベイズの定理のメリットは、第1章から第9章までに述べたごとく不確実な中で**データの統計学的分析**に科学性と信頼性の判断基準を与えられること、であるといえる。

◇ビッグでないデータを自分で統計分析できるか

　「AI」はあまりにその言葉のもつ定義範囲が広くなりすぎたが、それでもただひとつ共通要素がある。それは実際の「データ」である。というよりも「データの研究」であるが、筆者から見ると、どうもそれが手薄であるように思われる。

　現在、AI＝推論機能の奇術のように誤解され、それらは個別名称ANN（artificial neural network）、DNN（deep neural network）、SVM（support vector machine）、…（一般に「機械学習」と総称）などと呼ばれている。しかし、コンピュータは単純計算しかできないのであ

図 11.3 「僕」の身代わりはできるのか
人間がどういうデータをどう取捨選択してどう学習しているのか、そのしくみすら、まだわかってはいない。

るから、それ自体で推論などできないことは言うまでもない。人間の知能能力（統計、確率、論理）をコンピュータ上に移し替えたにすぎない。人間本人がそれをできなければAIが可能になるはずがない。

近年は、高度の数理的知識を備えた専門家でさえデータの分析や論理軽視の態度が目立つ。一例として、「AIはまず人間の'3歳児の認知能力'を目指す」という目安があるようだが、'3歳児並みの認知能力'は、決して簡易なものではなく、機械に処理させるのは非常に困難である。

◇データ軽視の風潮

ましてや、第8章で紹介した自動運転車の研究の先の方の段階でも、周囲環境の認知のための膨大な情報を、どうデータとして取り込み、クリーニングして（アクセル、ハンドル、ブレーキ系統に）入力するかは大きな課題となってくる。その認知能力が実用する人間の死活を制することになるため、慎重に慎重を重ねて検討していく必要がある。実際、もうそういった上すべりでは'超えがたい壁'の兆しが、各所で出ている（**図 11.3**）。

これら機械学習では、まず周囲環境のデータと、そのあとの学習メカニズムとは本来切り離せないものであるはずが、「データ」はブラック・ボックスへ初期入力をしさえすればいいと、軽視されがちな研究体制になっている。当然のことながら、結果の良否はデータに強く依存する。精

査、吟味しないデータをよく考えずに野放図に学習させてもいい結果は期待できない。**カーツワイル自身**、トランジスタの性能の時系列データを集め、Excel レベルの統計的回帰分析からムーアの法則への合致を確認し、これを技術進化の指数法則の根拠としている。このエビデンスは AI でもなんでもなく、強いていえば、初歩的な IT である。すばらしく高度なプログラミングに長じ深層学習を熱っぽく語っても、基本的統計分析をExcel レベルでもできないならば、そもそも AI を語る資格はない。'ひとりでにプログラミングしてくれる深層学習'はそのような人々には甘く危険な誘惑になるだろう。実際問題、AI のかなりの割合部分は基礎的理論の成果の集大成である。

つまり、ビッグデータが集まれば集まるほど AI の精度が'自動的'に増す、というセールストークはありえない。いろいろな原因による誤差を取り込んで、むしろ精度は下がる。あくまで人間の'見立て'からスタートし、また、それをフィードバックして軌道修正していくことこそがこの学問の最重要点である。結局、人間が'見立て'なければ、何かを明らかにしたいという構図がなければ説明のできる（accountable）結果は生まれない。

|11.2〉 ハンズオン・データの高速収集

「ハンズオン」（hands-on）とは、'自分の手元でとった'という意味で、なにか'直接的な'行為の接頭語としてよく使われている（ハンズオンセミナー、ハンズオン展示）。統計学では、データのリアリティの精神をいう（この語としては英和辞典にはない）。

いま少し趣向を変えて、あえて「ちょっと未来を予測できる」ベイズ統計学として、ハンズオン・データの応用例を2例挙げ、ベイズ統計学の今後の可能性を示唆したい。

11.2.1▷ 必勝 AI じゃんけんゲームの試作──as if じゃんけんゲーム

　筆者がベイズ統計学と AI の未来を考えたとき、そのほんのささやかな実践として、ゲーム理論でいうところの「じゃんけんゲーム」のデータを収集し、これを相手に‘必勝で’勝てる AI を試作*したので紹介する（*平山雄一氏による）。これはコンピュータの高速演算能力を利用している。

　「じゃんけんゲーム」はゲーム理論の分類では「**ゼロサム・ゲーム**」（zero-sum games、複数の人が相互に関わり、全員の利得の総和がゼロになる、つまり、誰かが勝った分誰かが負けるしくみのゲーム）これに対しフォン・ノイマンの「ゼロサム・ゲーム」のマクスミン（max-min、あるいはミニマックス minimax）戦略の理論によれば、このゲームに最適純粋戦略は存在しない。ただし、最適混合戦略は存在し、3 通りの手を確率 1/3 で呈示する（1/3, 1/3, 1/3）がそれである。この戦略は互いに均衡点（近々の言い方では「ナッシュ均衡点」）であり、これからずれた方が負ける。ゲーム理論にベイズの定理を組み合わせた「**ベイジアン・ナッシュ均衡**」を援用すれば、知的なあるいは巧みな有利な戦略を構築できる可能性がある。

◇**エジソンの「映画」も高速を利用した AI**

　しかし現在の AI を統合しカスタマイズすれば、‘あたかも～かのような’（as if）必勝戦略を立てることは、別の意味で十分に可能である。超高速計算力だけをバックとした‘as if’を考えてみるとよい。エジソンの考案で、写真データの時間連続の場面を切り出して多数の離散画面とし、それを連続的に高速の時系列で一覧する「映画」も、人の動体視力の限界性を逆手にとった、ある意味であたかも現実かのような、つまり AI である。

◇**高速演算能力で「as if じゃんけんゲーム」の必勝**

　そこで、筆者の「as if じゃんけんゲーム」は高速のパターン認識ソフト＋論理回路から Python（プログラミング言語のひとつ）上に構成された簡単なものとなっている。次項におおよその組み立てと結果を解説する（なお、カーツワイルによれば、「シンギュラリティ」以後には、人間の「社会」

じゃんけん……ぽい！ あー、また負けたー！

じゃんけんって偶然でしょ。それくらいわかるよ

犬って動体視力がいいんだよね？ すばやく見られるんでしょ

動体視力？ 野生だったらね……

や「他者関係」、さらにはそれを巡る「不確実性」はすべて超AI概念の中に包摂されるため、もはや人間は独自独立の永続的実体ではありえず、「ゲーム理論」などには「シンギュラリティ」以前の寸時程度の関心しかもたれないという）。

　ここに紹介するプログラムは、OpenCVという画像認識ライブラリとPythonを利用した「じゃんけんゲーム」である［OpenCV（Open Source Computer Vision Library、主な開発元はInter Corporation）とは、オープンソースのコンピュータビジョンと機械学習のライブラリである。同公式サイト（https://opencv.org/）によれば、47,000人以上のユーザコミュニティを有し、推定ダウンロード数は1,400万を超えているとのデータもある］。

　原理は簡単である。最近のデジタルカメラでは一般的となった顔認識機能は、顔の位置に四角形を表示して笑顔を待つが、このプログラムでは、同様に手の形を認識させる。そして手の形がグーならばパーの絵を、チョキならばグー、パーならばチョキの絵を表示し、常に絵の方が勝つ選択をする。

　実際のプログラムでは、グー・チョキ・パー教師データを作る→グー・チョキ・パー教師データを使いジャンケンをする、の2段階になる。

◇グー・チョキ・パー教師データを作る

　「顔」の教師データであればOpenCVにあるが（https://opencv.org/

data/haarcascades/)、グー・チョキ・パーの教師データはないので作る必要がある。まずは、グー・チョキ・パーの写真を撮る。撮るためには、デジカメやスマートフォンを使う必要はなく、ノートパソコンの備え付けのカメラや USB カメラを OpenCV に認識させて用いる。とくに、**図11.4**のコードを使えば、簡単に写真を大量に撮影することができる。

次に、撮影した写真から cv2.grabCut により、前景、背景の分離、np.where にてマスク処理をする。この結果、手の形を抽出した図柄が**図11.5**である。これらの、画像データを opencv_traincascade.exe で処理し、グー用、チョキ用パー用の 3 種の教師データを作成する。

◇**グー・チョキ・パー教師データを使いじゃんけんをする**

図11.6のコードを使って、作成した教師データを用い、入力された画像データからグー・チョキ・パーを検出する。

なお、**図11.5**からもわかるように、**図11.6**のコードはチョキ検出用のコードとなる。y_cascade.xml は、チョキ用の教師データになる。detectMultiScale は、画像認識を行ない、チョキの画像が含まれていれば、画像中のチョキの位置を返す（余談だが、デジタルカメラなどの顔検出であれば、この返された位置に四角形を描画する）。戻り値が空ではない場合（位置情報が返った場合、> 0）は、imshow で、グーの画像を表示する。実際にはグー用、パー用も同様に作る（ファイル名次第ではあるが、たとえば**図11.6**の網掛け部分を、グーの場合：y → g, g → p、パーの場合：y → p, g → y と書き換えるなどする）。

図11.7は実際にジャンケンを行ない、コンピュータが勝ったところである。左上の写真中央四角内を変換したものが右下部の白黒のチョキになる。これをグー・チョキ・パーの教師データで画像認識し、画像がチョキであると認識したため、右上にグーの絵を表示している。

このように、OpenCV を使うと顔や手の認識をするプログラムを簡単に書くことができ、画像認識技術を私たちの身近なものにしてくれる。OpenCV の公式サイトでは、OpenCV のチュートリアルによると動体

```
# 写真を100枚連続で撮る
import numpy as np
import cv2
cap = cv2.VideoCapture(0)
shotdir="data"
for shot_idx in range(100):
    fn = '%s/shot_%03d.jpg' % (shotdir, shot_idx)
    ret, frame = cap.read()
    cv2.imwrite(fn, frame)
```

図11.4　OpenCV コード：写真を大量撮影する

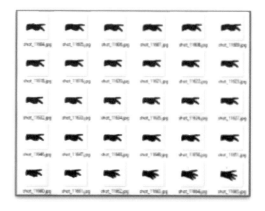

図11.5　手の形の抽出画像（チョキの場合）

検知など、ほかにもいろいろ面白いことができ、興味がある人は覗いてみるとよいだろう。これでいろいろなゲームの試作もできる（http://docs.opencv.org/3.0-beta/doc/py_tutorials/py_tutorials.html）。

11.2.2 トレーダーの危機か？好機か？——株式でも「高速」が制圧

「ゼロサム・ゲーム」のもうひとつの代表例が、株もしくは債券あるいは外国為替の取引である。銀行の金利が低迷して久しい現代では、個人ト

```
import numpy as n
import cv2

# 検出器の準備
cascade_g=r"y_cascade.xml"
obj_cascade_y = cv2.CascadeClassifier(cascade_y)

#camera から画像の読込
img = cv2.VideoCapture(0)
_,f0=img.read()

# 検出
result_y = obj_cascade_y.detectMultiScale(f0, 1.3, 5)

# 位置情報が空でなければ、グーの画像を表示
if len(result_y) >0:
    cv2.imshow("","shot_g1.jpg")
```

図 11.6 OpenCV コード：画像を判別し、勝つ手を表示する（チョキの場合）

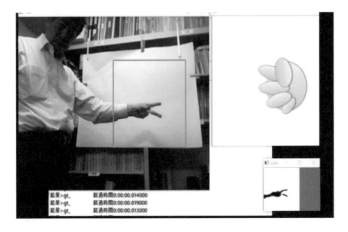

図 11.7 実際のゲームの画面より
チョキに対してグーでコンピュータが勝っている（人物は筆者）。

レードをする人が増えている。しかもスマートフォンの普及に伴い、ほんの5分の休憩時間でも、株式チャートをにらみスマートフォン上で有効な資産運用をしようと努めている姿も見られる。いまや、証券会社のカウンターに人が座っている風景はほとんど見られなくなった。

もし、さきほどのじゃんけんゲームとまったく同様に、株式市場でも株の値動きに高速（つまり高頻度、high frequency）に追随、対応することができれば、実は大きな総利得を得ることも不可能ではない。この取引法を「高頻度取引」（high frequency trading、HFT）という。

◇ HFTの戦略

いま、株式会社「西部ジャイアンツ・インベストメント」（略称 SGI、もちろん架空の企業である）の株を扱っているとする。HFT を行なうにあたり、**図 11.8** に SGI 社の指値（limit order）の「板情報」の想定例を述べる。

①顧客（buyer）が証券会社（agent）を通じ、SGI 社の株 10 万株を指値 $100 で買い注文する。このとき、板には指値 $95 で 1 万株、$97 で 5 万株、$99 で 4 万株の売り注文があった。

②agent が、最高指値 $95 の 1 万株を購入した直後、③HFT が buyer として介入し、残っている指値 $97 の 5 万株、$99 の 4 万株を購入してしまう。

④さらにその直後、HFT が指値を $99.99 に引き上げ、5 万株および 4 万株の売り注文を出せば、⑤agent は③④の HFT の行動に気づくことなく（もしくはしかたなく）、指値 $100 以下の条件を満たしているそれらの株を購入し、buyer の注文に完全に応えた形となる。

以上の対応の中で $100 以下の買値、売値の選び方にベイズ統計学の知識が有用であろう。とにかく、この回での HFT の利益は

$$5\times(\$99.99-\$97)+4\times(\$99.99-\$99)=\$16.91\ (万)$$

となる。ここまで指値の差がある実例は考えにくいとしても、繰り返し繰り返しこの戦略を実践すれば、巨額のプラスのキャッシュ・フローになる

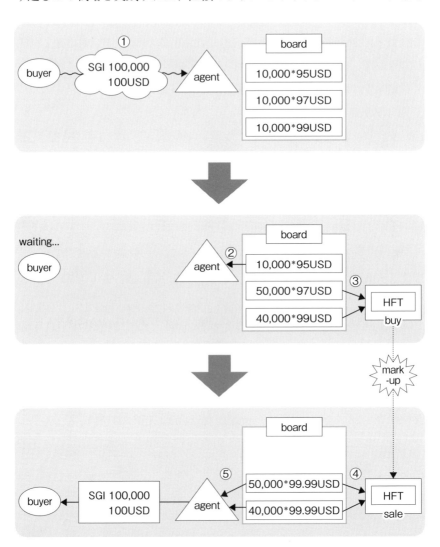

図11.8 HFT（高頻度取引）の流れ

ことは想像に難くない。

　*以上の想定例は山村吉信氏（YARNE and Company 代表）に追う。氏に謝意を表したい。

◇「直後」とはどれくらい直後か

　この例でいう「直後」は、競争者を時間的に許さないほどきわめて短時間後、実質では同時を指す。とはいえ、直後の選び方はベイズ的（それも情報更新を入れ）になろう。

　2014年に刊行され話題作となった著述 *Flash Boys*（フラッシュ ボーイズ）を知っているだろうか。健全なはずのウォール街で、投資家たちの注文を10億分の1秒差で先回りしていく超高速取引業者（Flash Boys）の実体を調査した……というコンセプトで書かれているこの本は、まさにHFTをテーマにしているといえる（日本の現状を追記した和訳本も出ている）。

　作中でいわれる極限的短時間の例を計算してみよう。例えばHFトレーダーのいるシカゴ—ニューヨークSENY間を約1,230kmとし（連邦道80号を直線とみて）、特設光ファイバーによる通信速度を光速の6割程度と見積もると、最善の所要時間は1230/(300,000×0.6)＝0.006833、往

お父さんの持ってる株、値下がりしたんだって

これも偶然性があるね。じゃんけんと同じ

その偶然の乱高下をすばやくとらえられないかな。コンピューターの目で

まあ、すばやくね。僕にもマネできないくらい

第11章　確率とAIとシンギュラリティ——これからの重要ポイント

復でもわずか0.013667（秒）でやりとりができる計算になる。競争者に抜かれる不安が残るならNY取引所の周辺地域にHFトレーダーが位置すれば、所要時間はさらに2桁小さくなり10^{-5}秒程度ですむ。したがって、1秒間に10万回の取引が最大限可能である。実際に10万回の取引があるとは思えないが、たった1回で生の＄17万の利益が出るのであるから、途方もない事態になろう。HFトレーダーはこのような取引チャンスをうかがうのにAIを用いればよいから、似た事態が予想される。以上はいささかSF的であるが、**取引所が徐々に無人になる動き**は完全には否定できないであろう。

このような傾向は夢物語（小説）ではなく、すでに実在しているものを調査した著述である。もちろん、専用AIの開発には、相応の高度な専門知識が必要ではあるだろうが、今現在のAIのしくみだけで実現できるシステムであり、将来的に多くの人が安易に入手できる可能性も秘めている。と同時に、このしくみが前述のじゃんけんゲームとほぼ同じものだと改めて気づいたとき、その多種多様さに驚くのではないだろうか。

AIと人間社会が'平和的共存'をしていく未来は、人間の手腕にこそかかっている。

11.3 現代コンピュータ文明は「バベルの塔」 ——銀行ATMと公開鍵暗号系（RSA）

銀行のキャッシュカードとATMは、いまやほとんどの大人が使っている機能である。これはベイズ統計学の応用例ではないのだが、ATMと暗号化のしくみから、シンギュラリティを考えるうえで気付かされる、現代コンピュータ文明の危うい一例を紹介したいと思う。

11.3.1 ATM暗号化の流れ

◇2素数へ分解される数nを決める

まずは、多少辛抱して次の計算を追ってみてほしい。

いま、n＝77とする。この**77**を覚えておいてほしい。

素因数分解すると、2素数の積n＝7・11に分解される。

次に、素因数から1ずつ引いて6, 10とし、その最小公倍数30を得る。この**30**も覚えてほしい。太字の2つの数字は、これから利用される値となる。

◇公開鍵と秘密鍵の設定

30と公約数をもたない数eを、30より小さい値から決める。たとえばe＝7とする。次にed＝1［ただし，30の倍数分は最大限無視し余った部分*を取る］となるdを求める。結果として、d＝13とただひとつに決まる。実際、この場合ed＝7×13＝91になるため、［　］内の余り計算を反映させると、90（つまり30×3）から1余っている数となり、条件に合致している［*代数学分野では剰余計算（mod計算）といわれる。91≡1 mod 30のように表わす］。

このe＝7, d＝13がまた重要になる。

◇ ATMが暗号化

ある銀行のすべてのATMはn＝77, e＝7というデータをもっている。ある人のATM暗証番号の最初を3だとしよう。

3が入力されたとき、ATMは、3のe乗、つまり3^7を計算するようになっている。ただし［　］の余り計算をn＝77で行なう。結果は、31となる（3^7＝2187＝28×77＋31）。

これで、3⇒31と暗号化される。

◇銀行本店で

銀行の本店はd＝13というデータをもっている。銀行が31という値を受け取ったとき、31のd乗、つまり31^{13}を計算する。今回も［　］の余り計算をn＝77で行なう。結果は、3である。

ATMで変換された値が、31⇒3と、ある人の暗証番号の値に戻り、めでたし、となる（計算はもちろん31^{13}を実際に計算することはない。割り算の余りだけを考えればよいので、理系の大学入試くらいのレベルの問題である）。

233

じゃーん！ これなんだかわかる？ 銀行のカードだよ

知っているよ。キャッシュカードでしょ

これがあればいつでもお金を引き出せるんだよ

へー、カード一枚で？ 危なそうだね

　では、このしくみを知っていれば、取引内容が盗まれてしまうのではないだろうか？　ところが、逆計算は、eを知ってもdを知らなければできないため、31だけ盗んでも、3は出てこないしくみになっている。もちろん、nを因数分解していけば、e、dは出るが、nが巨大な2素数の積であると、最新鋭コンピュータを総動員しても、気の遠くなるほど膨大な時間を要し、事実上不可能である。だから、途中の値が盗まれても安全であるといえる。

　eを「**公開鍵**」、dを「**秘密鍵**」といって、この「**公開鍵暗号系**」が現代社会のあらゆるところで通信の秘密と安全を守っている。発案者 Rivest, Shamir, Adleman の名から「**RSA暗号系**」といわれている。

　復習とその先を試してみよう。

　n＝77 では、小学生でも素因数分解ができてしまうので、実用性はない。あくまで練習用である。さらに、n＝99580297 では2素数の積 9991・9967 への分解があるが、これは Excel 程度で見破ることができるため、これもまったく問題外で、計算練習用にすぎない。実際の n は 200桁程度といわれ、これなら素因数分解は事実上不可能とやっといえるであろう。

11.3.2▷ '不可能' もそのまま大切に

　要するに、このような暗号系は、**解くために膨大な計算時間を要する数学的問題を安全性の基礎としている**のである。現在、「量子論理」に基づいた「量子コンピューティング」は、計算能力は（実現すれば）破格といわれている［数学者ショア（P. W. Shor, 1959-）の説による］。シンギュラリティへの途上、実現するかもしれない量子コンピューティングで公開鍵暗号系が破られれば、どうなるだろう。現代の人間-コンピュータ文明は、一瞬で'平和的に'崩壊する巨大な空中楼閣ではないだろうか。その衝撃は、核兵器をも上回るかもしれない。そして、核兵器には「核拡散防止条約」がある。コンピュータ文明にそのような制約はまだない。

　このように、文明は不可能が可能になることで成立しているが、不可能の条件下で成り立っている部分もまた真理である。そういった意味で、不

— **One point** —

量子論理

　もともとはフォン・ノイマンの大著『量子力学の数学的基礎』で演算子代数の固有空間をもとに論理を構成した、あくまで形式体系である。竹内外史は『数学的世界観』で、直観論理は「人間の心」の論理、量子論理は「物質の粒子」の論理であり、互いに対極にあるが、古典論理は「神」の論理であってその間にあり、前二者はその反対側に位置する、と述べている。神を通らなければ物質から人間には行けない。ただし巷間の「量子論理」とは「0と1が同時に成立する」論理という言い方がされている。量子力学でいう、0と1の「重ね合わせ」（superposition）を「0と1の同時成立」と解釈するのが量子力学的に正しいだろうか。著者の知る限り、多くの正統的テキストではそうは書かれていない。少なくとも、技術的実現が安定的に多くの（たとえば主張されている1000）量子ビットで可能かにつき、察する限り、装置による追跡可能な実験で確認されたという報告はいまだない。この課題が、ビジネス・モードで主導されているのも、気がかりな材料である。

可能をなんでもかんでも打破してはいけないのである。「バベルの塔」の崩壊はまた近い。カーツワイルがそのリスクをどう捉えているか、是非聞いてみたい。

11.4 ベイズの誓い、AI の夢

◇統計学と AI 文明論：福沢諭吉の「開化先生」の戒め

「統計学」（原語は statistics）が明治初年に日本に紹介されたとき、いち早くこの学問を西洋文明中の最たるものと認めたのは、『学問のすすめ』『文明論之概略』を著した福沢諭吉であることはよく知られている（**図11.9**）。福沢の思想に少し入り込めば、福沢にとって自然なことであったことがわかる。いまなお多くの人にとって思いがけなく感じられるかもしれないが、実のところ**統計学は精神文明に属する**からである。統計学は工場や鉄道や軍艦などモノを作っているわけではない。生み出すものは、真実、公平、正義であって、そこはむしろ法と似ている。そしてそれはいまでも変わらない。

では精神文明とは何をいうのか。「天は人の上に人を造らず人の下に人

One point

バベルの塔

旧約聖書『創世記』11 章にある。古典的解釈として、人間の傲慢から神に匹敵し天に届く塔を建設する業を、神が言語を乱し混乱させてその意図を打ち砕いたとされる。一般には人間の思い上がりの悪徳に対する罰を意味するが、他方、多くの言語の存在の起源とする近代的解釈もある。ただし、「バベルの塔」の語自体はあらわれず、「バベル」はバビロン、つまり（ユダヤ民族にとって）仇敵の悪徳の都を指す。ローマ帝国時代でも考え方は変わらなかった。バビロンは今日のイラクのバグダッドとされる。

を造らず」（『学問のすすめ』）といって、旧い習俗を脱し近代西欧文明を
目的とせよ、と唱えた福沢ではあるが、詳らかにみれば周囲事情はだいぶ
異なり、重要な点で当時の風潮に大反対であった。「開化先生」と嘲笑し
たのは、外側だけの開化、つまり、

　　　"たとえば近来我が国に行なわれる西洋風の衣食住を以て文明の兆
　　　候となすべきか。断髪の男子に会ってこれを文明の人というべきか。
　　　肉を食らう者を以て、これを開化の人と称すべきか"
　　　（福沢諭吉『文明論之概略』新書版、p.28。著者により現代文に改変、以
　　　下同）

　今風にいうと、「先端」を追えばそれが開化なのか。では文明とは何で
あろうか、という問題提起である。ここからが重要である。

　　　"その狭い字義にしたがえば、人力をもって徒に人間の需用を増し、
　　　衣食住の虚飾を多くするの意に解すべきである。また、その広い字義
　　　にしたがえば、衣食住の安楽のみならず、智を研き徳を脩めて人間高
　　　尚の地位に昇るの意に解すべきである。"　　　　　　（同、p.51）

　思想家丸山眞男は、物質文明と精神文明を両方を含まなければ文明とは
いえない、とこれを解説している。繰り返すと、

　　　"文明とは人の身を安楽にして心を高尚にすることを云うのである"
　　　　　　　　　　　　　　　　　　　　　　　　　　　　　（同、p.54）

　物質文明を取り入れることはいまでも相対的に易しい。それはいつでも
できる。むしろ、明治以来今日なお未完の課題は、先後を逆にし、

第11章　確率とAIとシンギュラリティ──これからの重要ポイント

237

図 11.9　福沢諭吉
「開化先生」に痛烈な批判を述べた。

　"ヨーロッパの文明を求めるには、難を先にして易を後にし、まず人心を改革して、次いで政令に及ぼし、終に有形のものに至るべきである"
　　　　　　　　　　　　　　　　　　　　　　　　　　（同、p.31）

　『文明論之概略』に対する評釈には、丸山のほか、子安宣邦のものがある。本書のテーマから外れるが、西欧近代文明の滔々たる流れに対し、'日本人の血が騒ぐ'という相克は当然予想される。太平洋戦争へ傾いていく時代、当代の著名思想家たちによる「近代の超克」の座談会がそれである。座談会には物理学者（菊池正士）、数理哲学者（下村寅太郎）の参加さえあったが、全体として「大東亜戦争」の思想的バックボーンとなった。今日現代においても、論理的理性、科学的知性がバラバラで社会に地歩を占めていないところへ、強大な力をもつ技術の時代の来襲という問題が生じている。

　実際のところ、受け入れる側でこそ物質文明と精神文明というが、本来こういう区別と対立はなく起源において一体であることは、カーツワイルの『シンギュラリティは近づいた』の最大中心の意義ではなかったか。そこは残念ながら日本では例によってきれいにカットされている。それではいつになっても百年河清を俟つの類いで真の「開化」はない。AI の攻勢

は日本にとっては奇手ながら王手である。今後の大きな試練であろう。

時に臨んで、ささやかではあるが、人の心に和するベイズ統計学も、統計学にいまや一段と精神文明の精彩を与えるものとしてその意義を意識されよう。私たちの思いは深層流に押し込められてきたが、真価を発揮するときがいまや「近づいた」（*near* at hand）。

◇ベイズの思い

ベイズは数学者シンプソンによって数学を学び、政治哲学者 J. ロック（J. Locke, 1632-1704）の影響を受けたとされる以外、生い立ち、経歴、思想、世界観そして晩年についても詳しい資料は残っていない。本来は牧師であり、「確率」を、人智を超える神の摂理（divine providence）と見たが、教派は非国教徒（新教徒で信教の自由から伝統的英国国教会の宗派には服従しない）であった。

ベイズの死後に発行された論文の共著者 R. プライス（R. Price, 1723-1791）は、同じく非国教徒の牧師で数学者であったほか、革新的政治哲学者でもあり、当時多方面での行動力から影響力が大きくアメリカ独立宣言や建国指導者にも大きな関わりがあった。反面、プライスと共感者への保守派の反発は激しく（実際ユニテリアンでもあった）、同時代の保守主義者で有名な E. バーク（E. Burke, 1729-1797）の『フランス革命の省察』にはプライスを名指しで批判する章がある。同列のベイズに対する周囲の保守派の反発も十分想像される。

教会はケント州のタンブリッジ・ウェルズ（Tunbridge Wells）の Mount Sion（マウントシオン）教会であったが、数年の病を得てかの地に没したベイズも、墓地はロンドンにある。胸中には「夢」を託し「誓い」に似たさまざまな思いが去来したであろう。タンブリッジ・ウェルズは市出身の著名人としてベイズを挙げ、その業績を永久に記念している。

第11章　確率とAIとシンギュラリティ――これからの重要ポイント

239

あとがき

ことに故村上泰亮氏と故西部邁氏に

　どうも日本人には「確率」は各界とも大の苦手らしく、この先が思いやられるが、本書はその中でささやかな労をとった作品である。元来、「確率」はマイナーに見えて、その地中深さはとてつもなく深く手に負えない面がある。いや、学者の世界でもそうなのである。

　経済学者ケインズ（J. M. Keynes, 1883-1946）の若き日の修士論文が『確率論試論』（The Treatise on Probability）であることはよく知られている。さすがに大問題を選んでいる。試論というが大作の一巻で出版まで長い年月をかけている。ところが、近年まで日本の経済学の講壇では最後まで訳されもせず（最近やっと訳されたらしい）放置され無視同然であった。伊東光晴『ケインズ』（岩波書店）もケインズを思想も含めてきれいに解説しているが、周辺としても触れられていない。学者の処女大作がその思想に無関係なのだろうか。

　経済学にとって、「不確実性」や「確率」は整然としたきれいな体系を乱す厄介者か、マイナーな課題で関係ないのか。端的にその深い意義が「わからない」のか、あるいは確率とは数学で（この前提は完全に正しいものではない）、経済学から排除<ruby>排除<rt>ハイジョ</rt></ruby>します、となったのか。いずれにせよ、四角い部屋を丸く掃く類いで、人の思想の展開や成長の跡を全うしたものではない。もちろん、『確率論試論』を論評した倉林義正氏や、先に亡くなられた故西部邁先生の『ソシオ・エコノミックス』が、学者の混然とした周縁の苦闘にこそ後の思想の発展のシーズが見出されるとの信念は、学問の道であろう。中心体系の不自由で幻惑され、周辺人（エミグレ）の自由にこそ学問の根がある。

著者がこの西部先生と同じ職場へ招かれたのは、統計学前任林周二先生と当時の仲間のリーダー格であった故村上泰亮先生からであった。村上先生は私を研究室に呼び「僕は数学力には限界があるので、君頼むよ」と言われ緊張した。私は数学は好きだし多少のテクは知っていて本など書き散らしているが、数学者ではないし、「メジャー」できれいに刈り込まれた体系が好きではない。

　村上先生は小林秀雄の『本居宣長』を無言でくださった。この稀代の文芸魔術師の作品は恐るべき幻惑書である。同時に本居宣長の『直毘霊』も指示された。私は『直毘霊』と石母田正『平家物語』を読めば、「日本」というひとつの文明出来事を味わうのに十分であると断言したい。同時に、「日本」とはある「運命」であり、私が尊敬する村上先生がこの運命にあえて無謀という勇気をもってコミットしたこと自体が、ほかならぬこの「運命」のもつ悲劇を表わしている。実際、古代ギリシャにおいては「悲劇」とは運命の表現芸術であった。ある事柄が運命なら人知でこれに抗うことはそもそもありえない。

　一神教には「運命」という概念そのものがなく、そこに啓示神学が置き換わる。パスカルそしてデカルトにとっては「科学」は「神学」の世俗形態であった。近代日本思想史ではどのような著名な思想家が思惟しても科学は技術以外であることはむしろ稀有であった。そうであれば、カーツワイル氏がいきなり God を持ち出したのは奇想天外であろう。God に連なるためには技術に神学を深読みしなければならない。それを読むのは読者だ、といいたいのであろう。

　最後に、おりから大学における統計学の役割について述べておこう。今日少子化の中で大学経営への影響とその困難がいわれているが、それは大学に限ったことではない。大学は現在において自らが経営体である責任とガバナンスの意識が十分でない最たる社会組織のひとつである。もちろん、大学の知的生産性は単に貨幣に換算されるものではないが、知的生産物を生み出す組織としての経営があることは明らかである。

そこで2つのことを指摘しておこう。1つには教育・研究の場としての大学組織の分析、改善と向上策自体を経営的情報として集約し、現在文科省の施策にかかる現場セクショナリズムを克服するための「組織研究」（institutional research, IR）を各大学においてさらに推進すべきであろう。大学は学問の場であるから、それにふさわしい部局は独立した監査部門であり、その役割は大学会計を中心にした統計的組織評価である。監査である以上貨幣的なもののみならず、ガバナンスも今後はますます重要である。2つには、大学は人間の将来を創造し、知識と英知を蓄積し人類の福祉に貢献する以上、将来を視野に入れなければならない。監査は経営体として常時数年先までを視野に入れることを怠ってはならない重責がある。現在の大学会計には一般社会で課題になっている将来会計の概念がない。ここにも統計的将来予測の方法があり、おそらく数年後にはベイズ統計学の方法もそのひとつになるであろう。ベイズ統計学は常に社会と人間に奉仕する。

そこで謝辞を申し上げる。まずは上に述べた先生方、そしてベイズ統計学の普及に一身の健康を捧げられた故和合肇氏、統計数理研究所の故松下嘉米男、故林知己夫、故赤池弘次の各先生、同じく東京大学経済学部へ移られた故鈴木雪夫先生には、大変お世話になった。同輩の渡部洋氏、繁桝算男氏、そして当の最初に「ベイズ」の名を聞いた故宮沢光一先生、今かすかな思い出がありはるか昔お会いすることも稀だった故戸田正直先生、その弟子筋の佐伯胖氏、それぞれに貴重な影響をいただいた。戸田先生はベイズの定理は「逆確率」だから、「Seyab の定理」と呼ぼうといわれた。もっともなネーミングであり今思い出深い。

また、本書の執筆を提案しその意義を著者にさえ強くかつ熱烈に勧めてくれた木下元前出版部長、それを見守ってくれた阿久戸光晴前理事長、清水正之現理事長、そして途方もない著者のわがままを忍んでくれた田所樹

さん、花岡和加子さんに今厚き感謝の言葉を送りたい。

　残念ながら、いい本なら必ず売れるという時代ではない。本は完成してからが大変である。平和の時代に本を「戦場」に送り出す気持ちはいつも変わらない。頼むよ、達者でな、という気持ちで。

　Last but not least. 本書は新生聖学院大学の AI 新科目テキストを想定して書かれた。

最後に皆様の健勝をいのりつつ

京都にて　著者識

[参考文献]

Congdon, P., *Applied Bayesian Modelling.* John Wiley & Sons, Ltd, 2003

Efstratiadis, A. et al., The primary structure of rabbit beta-globin mRNA as determined from cloned DNA. *Cell* 10(4): 571-585, 1977

Feller, W., *An Introduction to Probability Theory and its Applications.* 2nd ed., John Wiley & Sons Inc., 1957

Gelman, A. et al., *Bayesian Data Analysis.* Second Edition, Chapman & Hall/CRC, 2004

Geron, A., *Hands-On Machine Learning with Scikit-Learn and TensorFlow: Concepts, Tools, and Techniques to Build Intelligent Systems.* Oreilly & Associates Inc., 2017

Goodfellow, I. et al., *Deep Learning (Adaptive Computation and Machine Learning series).* The MIT Press, 2016

Honda, M. et al., Differential gene expression profiling in blood from patients with digestive system cancers. *Biochem Biophys Res Commun* 400(1): 7-15, 2010

Kurzweil, R., *The Singularity is Near: When Humans Transcend Biology.* Penguin Books, 2006

Lesk, A. M., *Introduction to Genomics.* 3rd ed., Oxford University Press, 2017

Lewis, M., *Flash Boys.* W W Norton & Co Inc., 2015

Mckinney, W., *Python for Data Analysis.* Oreilly & Associates Inc., 2012

Press, S. J., *Subjective and Objective Bayesian Statistics: Principles, Models, and Applications.* 2nd Edition, John Wiley & Sons, Inc., 2002

Spiegelhalter, D. J. et al., *Bayesian Approaches to Clinical Trials and Health-Care Evaluation.* John Wiley & Sons, Ltd., 2003

Data for MATLAB hackers. http://www.cs.nyu.edu/~roweis/data.html（2018 年 3 月検索）

NCBI. http://www.ncbi.nlm.nih.gov/（2018 年 3 月検索）

OpenCV library. https://opencv.org/（2018 年 3 月検索）

D.K. デイほか編, 繁桝算男ほか監訳『ベイズ統計分析ハンドブック』朝倉書店, 2011

Richard O. Duda ほか著, 尾上守夫監訳『パターン識別』第 2 版, 新技術コミュニケーションズ, 2001

足立修一ほか『カルマンフィルタの基礎』東京電機大学出版局, 2012

新井紀子『math stories　数学は言葉』東京図書, 2009

今堀宏三ほか編『続　分子進化学入門』培風館, 1986

岩田悦之, 平井裕久ほか, ZECOO パートナーズ（株）編『「見積もる」「測る」将来会計の実務』同文舘出版, 2017

ウィリアム・フェラー著, 河田龍夫ほか訳『確率論とその応用』全 4 冊, 紀伊国屋書店, 1960

小島寛之『完全独習 ベイズ統計学入門』ダイヤモンド社, 2015

清水亮『よくわかる人工知能——最先端の人だけが知っているディープラーニングのひみつ』
KADOKAWA, 2016

竹内外史『数学的世界観—現代数学の思想と展望』紀伊国屋書店, 1982

竹村彰通『データサイエンス入門』岩波書店, 2018

田中潤ほか『誤解だらけの人工知能 ディープラーニングの限界と可能性』光文社, 2018

東京大学教養学部統計学教室編『自然科学の統計学』東京大学出版会, 1992

東京大学総合研究会編『ゲノム——命の設計図』東京大学出版会, 2003

長畑秀和『Rで学ぶデータサイエンス』朝倉書店, 2018

西内啓『統計学が最強の学問である』ダイヤモンド社, 2013

ビクター・マイヤー゠ショーンベルガーほか『ビッグデータの正体——情報の産業革命が世界
のすべてを変える』講談社, 2013

フォン・ノイマン著, 井上 健ほか訳『量子力学の数学的基礎』みすず書房, 1957

藤田一弥『見えないものをさぐる——それがベイズ』オーム社, 2015

松原望『意思決定の基礎』朝倉書店, 2001

松原望『図解入門よくわかる最新ベイズ統計の基本と仕組み』秀和システム, 2010

松原望『入門確率過程』東京図書, 2003

松原望『入門ベイズ統計——意思決定の理論と発展』東京図書, 2008

松原望『わかりやすい統計学』第2版, 丸善出版, 2009

谷田部卓『ディープラーニング——やさしく知りたい先端科学シリーズ2』創元社, 2018

山村吉信『問題解決のためのRとJAGS』東京図書, 2018

涌井良幸ほか『Excelでわかるディープラーニング超入門』技術評論社, 2017

渡部洋『ベイズ統計学入門』福村出版, 1999

子安宣邦『福沢諭吉『文明論之概略』精読』岩波書店, 2005

清水正之『日本思想全史』筑摩書房, 2014

西部邁『ソシオ・エコノミックス——集団の経済行動』中央公論社, 1975

福沢諭吉『学問のすゝめ』岩波書店, 1942

福沢諭吉『文明論之概略』岩波書店, 1931

丸山眞男『『文明論之概略』を読む』(上・中・下), 岩波書店, 1986

国立がん研究センター. https://www.ncc.go.jp/(2018年3月検索)

国立天文台編『理科年表』平成22年, 丸善, 2009

ステッドマン医学大辞典編集委員会編, 高久史麿監『ステッドマン医学大辞典』改訂第4版, メ
ジカルビュー, 1997

南山堂編『南山堂医学大辞典20版』南山堂, 2015

三橋知明ほか編『臨床検査ガイド』文光堂, 2015

松原望の総合案内サイト　http://www.qmss.jp/portal/

確率と統計学を中心に、著者が有用と思われる情報をさまざまに掲載している。

統計計算とそのソフトウエアのキーポイント

　ベイズ統計学を学ぶためには統計学の基礎が必要である。「ベイズ統計学は新しい統計学だからこれまでの統計学は知らなくてよい」とか、「機械学習（あるいは AI）はひとりでにプログラムされるから、統計学は知らなくてよい」あるいは「データサイエンスはデータ中心の実践的統計学で理論は最小でよい」というのはすべて誤りであり、決して迷ってはならない。

1.　基礎的学び：Excel による

$$\text{http://www.qmss.jp/databank/}$$

　　そのためのもっとも基礎的な学びとしては、『統計学超入門』⇒『わかりやすい統計学』⇒『統計学入門』、さらには『松原望　統計学』と進む。

2.　本書では確率については詳しく述べていないが、

$$\text{http://www.qmss.jp/prob/}$$

の頭書入門部分が好適である。それを学ぶには『確率超入門』の最初の数章をお勧めする。

3.　R による統計基礎演習については、数多くのテキストがありレベル、わかりやすさなどさまざまであるが、分析のための環境設定、データ入力、コマンド入力の煩わしさに悩まないためには、1. のあと、

$$\text{NTTdata 社　Visual R Platform（http://www.msi.co.jp/）}$$

を利用するのも一法である。有料であるが、簡便、廉価な利用法もあるようである。

4.　Excel によるベイズ統計学や深層学習の原理の理解は、一足飛びに「ブラックボックス」に飛ぶ悪弊を避けるためにも非常に好ましい。いくつかの良書がある（涌井など）。

5.　ベイジアン・ネットワークについては、実用のためには

$$\text{NTTdata 社　BayoLink}$$

も有益と思われるひとつであるが、簡便な方法としては R を用いるのも原理理解の上で好適である。データ例も用意されている。

6. 本書は計算法中心の解説ではないので、MCMC はとくに詳しく扱っていない。WINBUGS があるが最近は十分にメンテナンスされていない。JAGS、BAYESEM がこれに替わっている。ただし、WINBUGS を用いた内外の分析例を学ぶのは原理の理解の上でも有益である（Spiegelhalter など）。

7. Python によるベイズ統計学の計算の時代も近々到来するであろう。これについては解説書を準備中である。また、TensorFlow も今後分析計算の中心になる、同時に 1、2 をすませていない利用はただ「はやり」にのるだけで、時間の効用上あまりお勧めできない。

8. 統計学を「データ計算」の「サイエンス」と考えるよりは、思考や意思決定のサポートと考えることが、その人自身が主人であり人生の時間の有効活用であると強調しておきたい。「データサイエンス」を誤解しないことが肝心である。

索　引

記号

BEL	76
e	86
e^x	175
Max( )	53
log	36, 120, 176
χ（カイ）	103
Γ（ガンマ）	100
τ（タウ）	105
˜（チルダ）	164
ˆ（ハット）	163
Φ（ファイ）	125
B（ベータ）	92
λ（ラムダ）	75
¬（論理否定、negation）	41

数字

1期先予測	163, 164
1次元判別図式	55
2次元正規分布	56
相関のある——	56
2次元判別図式	60
2変数1次関数	56
4次元正規分布	50, 56
6つの紀（6つのパラダイム）	205

欧文

AI（artificial intelligence）
3, 4, 6, 22, 26, 29, 44, 47,
57, 62, 66, 68, 74, 79, 82,
138, 170, 178, 191, 197,
204, 217, 218, 221-224,
238

元祖——	4, 16
最初の——	32
強い——	194

ANN（artificial neural network）
170, 221

arctan x	174
as if	224
ATM 暗号化	232
backward induction	186
Bayesian	6, 90, 220
Bayesian network	66, 69, 71

Bayesian statistics　3, 5, 16,
21, 23, 32, 82, 136, 154,
220, 221, 239

Bayesian updating　4, 23,
28, 157, 163, 164, 173

Bayes' Theorem　5, 18, 22,
24, 32, 75, 77, 78, 83, 170,
176, 219, 220

BAYONET	66
bioinformatics	46, 136, 137
Boltzmann machine	177
burn in	128
Chainer	185
chromosome	136, 147, 148
clinical trials	92
CPS	203
cybernetics	160
DAG（directed acyclic graph）	69
deep learning	4, 35, 62
DNA	147, 148
——チップ	140
——マイクロアレイ	140
DNN（deep neural network）	221
dynamic programming	186
edge	69
evidence	32

Excel　21, 56, 95, 101, 104,
167, 175

feature	46

Fifth Epoch	205

Fisher's Iris data set
46, 47, 49, 59

FN（false negative）	39, 41, 44
FP（false positive）	39, 41, 44
F 分布	5, 103
genetics	136, 193
genomics	136
Gibbs sampler	113, 124
GNR	193
God	208, 211, 216

HFT（high frequncy trading）
229, 230

hierarchical Bayesian model
111, 114, 143

in silico	137
in situ	137
in vitro	137
in vivo	137

Kalman filter
158, 162, 166-168

Kalman gain	161, 165

machine learning
4, 46, 177, 187, 222

Markov chain
124, 128, 129, 130

Markov process	129
max-min	224

MCMC（Markov chain Monte-
Carlo）　111, 123, 124, 145

——によるパラメータ推定法
118

meta-analysis
112, 114, 118, 121

M-H アルゴリズム（Metropolis-
Hastings algorithm）131, 133

minimax	224

MNIST データベース (modified
 National Institute of Standards
 and Technology database)
　　　　　　　　186-188
Moore's law　　　201, 223
mRNA　　　　　140, 151
　——への転写　　　149
MYCIN　　　　　　194
nanotechnology　　　193
NN (neural network)
　　　　　174, 178-180
node　　　　69, 70, 179
omics　　　　　　　136
OpenCV (Open Source Computer
 Vision Library)　225, 226
　——コード　　227, 228
output　　　　　　179
proteome　　　　　136
Python　　　　　　224
reinforcement learning　177
robotics　　　　　193
RSA 暗号系　　　232, 234
SAE (society of automotive
 engineers)　　　　156
SAS (Statistical Analysis
 System)　　　62, 63
SD　　　　　　　　84
singularity　　　4, 66, 171,
 190-199, 204, 212, 217
Sixth Epoch　205, 207, 212
SLAM (simultaneous localization
 and mapping)　155, 157
softmax 関数　　176, 177
softmax 値　　　177, 187
SPSS (Statistical Package for
 Social Sciences)　62, 63
subgame perfect　　186
supervised learning　52
SVM (support vector machine)
　　　　　　　　221
tanh x　　　　　　174

TensorFlow　181, 184, 185
The Singularity is Near
　　　　32, 191, 192, 216
TN (true negative)　39, 41, 44
TP (true positive)　39, 41, 44
transcriptome　　　136
t 分布　　　　5, 103, 107
Unitarian　208, 209, 216

ア行

アイリス　46-48, 59, 187
　——の判別　　　177
アイリス・データセット
　⇒フィッシャーのアイリス・
　　データセットを参照
アデニン　　　　147, 150
アミノ酸　　　　　150
アミノ酸配列　　149, 151
板情報　　　　　　229
位置推定　　　　　157
一様分布　　　　　120
一様乱数　　　　　123
遺伝暗号　　　　　150
遺伝学　　　　136, 193
遺伝子　138, 146, 147, 148
　——座　　　　　147
　——数　　　　　138
　対立——　　　　147
　——の発現　　　141
　——発現情報　　140
イノベーション　163, 164
医療統計学　　　26, 42
因果関係　　　　67, 71
陰性　　　　　　　39
ウエイト　61, 66, 69, 71
　——付けグラフ　66, 73-75
運動方程式　　158, 166
枝　　　　　　　　69
エッジ　　　　　　69
エルサレム　　　　209
塩基対数　　　　　138

塩基配列　　148, 149, 151
横断面データ　　　114
オミックス　　　　136

カ行

開化先生　　　　　237
回帰
　——係数　　　　182
　重——分析　　　143
　線形——モデル　182
　非線形——　　　179
　——分析　　　　6
　ポアソン——　　119
　ロジスティック——
　　　　　84, 142, 179
階層ベイズ・モデル
　　　　111, 114, 143
階層モデル　　110, 116
階段関数　　　　　174
カイ二乗分布　5, 101, 103
介入　　　　　　　132
外乱　　　159, 161, 166
ガウス関数　　　　174
ガウス分布　　　　103
顔認識　　　　62, 225
確信関数　　　　　77
確信分布　　　69, 74, 76
確率　3, 16, 18, 71, 82, 216-
 220, 240
　——過程　　124, 129
　個人——　　　　220
　事後——　6, 22, 28, 53,
 57, 76, 83, 173
　事前——　6, 22, 24, 28,
 37, 76, 83, 173
　主観——　　22, 84, 220
　条件付き——　69, 73, 75
　——的因果関係　68
　——パラメータ・リスト　72
　——分布　　　　85
　——分布推論　　162

249

——論	219
——論的独立	75
連続——分布	107
画像認識	226
活性化関数	181
カルマン・ゲイン	161, 165
カルマン・フィルタ	
	158, 162, 166-168
——の追跡記録	168
カルマン利得	161, 165
関数	
2変数1次——	56
softmax ——	176, 177
階段——	174
ガウス——	174
確信——	77
活性化——	181
ガンマ——	100
規格化指数——	176
逆正接——	174
シグモイド(型)——	
	126, 127, 170, 174, 181
線形判別——	56, 59, 61
双曲正接——	174
判別——	62
標準正規分布の累積分布——	
	125, 127, 174
分配——	177
ベータ——	92
ロジスティック——	171,
	173, 174, 176, 179, 180
完全ベータ関数	92
観測	159, 160
観測の方程式	159, 166
感度	42, 44
ガンマ関数	100
ガンマ分布	99, 100, 102
偽陰性	39, 41, 44
機械学習	4, 46, 177, 187, 222
規格化指数関数	176
規格化定数	177

技術的特異点	196
期待効用	84
期待損失	84
起動因	67
ギブス・サンプラー	113, 124
逆正接関数	174
キャラクタ	186
手書き数字——	186
——判別	180
救済	210
共役複素数	85
強化学習	177
教師付き学習	52
——用データ(教師データ)	
	50, 183, 226
偽陽性	39, 41, 44
——率	42
共分散	51
行列	49, 54, 129
分散・共分散——	
	51, 59, 61, 144
極限分布	129, 131
キリスト教	208, 216
グアニン	148, 150
クロスセクション・データ	
	112, 114
啓示	2
形相因	67
ゲームの理論	217
ゲノミクス	136
ゲノム	136, 147, 148
——サイズ	138
——・プロジェクト	148
原因と結果	17, 18, 22, 53,
	67, 70, 72, 82, 160
検定	5, 97
公開鍵	233, 234
公開鍵暗号系	232, 234
交換可能事前分布	121
後退帰納法	186
高頻度取引	229, 230

候補	132
合理的期待形成	84
コーディング領域	138
国際ヒトゲノム計画	138, 148
誤差	159, 161, 166
誤差値	183
誤差逆伝播法	181, 185
個人確率	220
五数要約	84
固定効果モデル	113
コドン	149, 150
個別バランス条件	132
混合正規事前分布	144
コンピュータ・サイエンス	136

サ行

最急降下法	183
サイバネティックス	160
指値	229
散布図	52
三位一体	210, 216
しきい値	37
シグモイド(型)関数	
	126, 127, 170, 174, 181
時系列データ	114
四原因説	67
事後確率	6, 22, 28, 53, 57,
	76, 83, 173
新しい——	29
最大の——	23, 53
事後確率分布	
⇒事後分布を参照	
事後分布	83, 96, 102, 104,
	145, 165
指数的成長	199
事前確率	6, 22, 24, 28, 37,
	76, 83, 173
新しい——	28
事前確率分布	
⇒事前分布を参照	

自然共役事前分布 85, 92, 99, 103, 110	人工ニューラル・ネットワーク 170, 221	染色体 136, 147, 148
——の限界 122	深層学習 4, 35, 62	相関関係 50
事前分布 83, 94, 99, 104, 144, 165	真の値 89	正の—— 50
交換可能—— 121	真陽性 39, 41, 44	相関係数 51
混合正規—— 144	——率 42	双曲正接関数 174
自然共役—— 85, 92, 99, 103, 110	推定 5, 97, 166	添え字 184
超—— 116, 120	推論 89	素数 233
独立—— 121	数理判別 47	祖先 69
子孫 69	スカラー 54	——ノード 72
質料因 67	スクリーニング検査 44	
自動運転車 154, 156, 222	スパマー 24	**タ行**
自動会話認識 202	スパム 24	第 1 積分 92
シトシン 148, 150	——スコア 37	第 2 積分 100
じゃんけんゲーム 224	——度 36	第 5 紀 205
重回帰分析 142	——判定 39	第 6 紀 205, 207, 212
終末 208	——・フィルタ 3, 33, 34, 38	対照群 119
——論 213	——メール 25	対数 36, 120, 176
重率 179, 184	スムージング 162	多次元正規分布 144
——パラメータ 179, 182, 185	正規オージブ 174	多重共線 170
主観確率 22, 84, 220	正規分布 54, 86, 88, 103-107, 115, 125, 144, 165	多層累積的ロジスティック回帰 178
出力 179	2 次元—— 56	多変量解析 61
腫瘍マーカー 26, 40	4 次元—— 50, 56	多変量正規分布 59
上下四分位点 84, 128	多次元—— 144	タンパク質 149
条件付き確率 69, 73, 75	多変量—— 59	治験 92
証拠 32	——のベイズ更新公式 106, 165	チミン 148, 150
詳細つり合い条件 132	——の尤度 87	中央値 49, 84
状態 158, 160	標準——の累積分布関数 125, 127, 174	超事前分布 116, 120
状態空間表現 160, 166	標準——表 142	散らばり 62
剰余計算 233	精度 106	治療群 119
真陰性 39, 41, 44	節 69, 70, 179	つぼのモデル 18, 23, 29
シンギュラリティ 4, 66, 171, 190-199, 204, 212, 217	セトーサ 48	提案分布 132
——の意図 196	ゼロサム・ゲーム 224, 227	帝王切開手術 125
——の意味 195	線形回帰モデル 182	定常分布 130, 131
——の時期 202	線形判別関数 56, 59, 61	データ 17, 33, 82, 220-222
人工知能 ⇒ AI を参照	ベイズ—— 56	MNIST ——ベース 186-188
	潜在変数 89	横断面—— 114
		教師付き学習用—— 50, 183, 226

251

クロスセクション・──
112, 114
時系列── 114
ハンズオン── 223
ビッグ── 68, 223
フィッシャーのアイリス・
──セット 46, 47, 49, 59
手書き数字キャラクタ 186
転移性脳腫瘍 70
テンソル量 184, 185
統計 3, 82
──的推定法 182
統計学 3, 17, 32, 46, 79, 236
医療── 26, 42
「考える」── 3
動的計画法 186
時 2
特異点 195, 196
技術的── 195
特異度 42, 44
特徴語彙 34, 36
独立事前分布 121
トランジスタ 201
トランスクリプトーム 136

ナ行

ナイーブベイズ判別器 32, 33
ナノテクノロジー 193
二項定理 91
二項分布
86, 91, 92, 100, 103
──の尤度 87
二重らせん 147
ニューラル・ネットワーク
174, 178-180
人工── 170, 221
認識子 178
ヌクレオチド 147
ネイピア数 86
ネット計算 72
ノード 69, 70, 179

祖先── 72
ノンコーディング領域 138

ハ行

バージニカ 48
──の判別結果 58
パーセプトロン 178
ハイアラーキー型 112
バイオインフォマティクス
46, 136, 137
ハイパー・パラメータ 116
パターン認識 47
バック・プロパゲーション
181, 185
バビロン 236
バベルの塔 236
パラダイム 205
パラメータ 82, 84, 88, 89,
104, 143, 182
MCMCによる──推定法
118
確率──・リスト 72
重率── 179, 182, 185
ハイパー・── 116
反キリスト 209
ハンズオン・データ 223
判別
──学習 186
──関数 62
キャラクタ── 180
数理── 47
線形──関数 56, 59, 61
ナイーブベイズ──器
32, 33
バージニカの──結果 58
ベイズ── 46, 50, 187
ベイズ──領域 59
判別図式 57
1次元── 55
2次元── 60
光ファイバー 232

非線形化 182
非線形回帰 179
ビッグデータ 68, 223
ヒトゲノムX(性)染色体 139
秘密鍵 233, 234
標準正規分布の累積分布関数
125, 127, 174
標準正規分布表 143
標準偏差 50, 88, 123, 128
頻度派 6
フィーチャー 46
フィッシャー・ネイマン・
ピアソン理論 6
フィッシャーのアイリス・デー
タセット 46, 47, 49, 59
フィルタ 161
フィルタリング 162
不確実性 217, 218, 240
不等式範囲(区間) 55
部分ゲーム完全 186
不変分布 130
プロテオーム 136
プロビット回帰分析
⇒プロビット分析を参照
プロビット分析 126, 141, 142
プロビット・モデル 142, 144
──の実施 142
分散
51, 88, 104, 106, 115, 165
分散・共分散行列
51, 59, 61, 144
分散分析 6
──一元配置 115
──変量効果モデル
112, 113
分配関数 177
分布
F── 5, 103
t── 5, 103, 107
一様── 120
カイ二乗── 5, 101, 103

ガウス——　　　　　　103
確信——　　　　69, 74, 76
確率——　　　　　　　85
ガンマ——　　99, 100, 102
極限——　　　　129, 131
事後——　83, 96, 102, 104,
　145, 165
事前——　83, 94, 99, 104,
　144, 165
正規——　54, 86, 88, 103-
107, 115, 125, 144, 165
提案——　　　　　　　132
定常——　　　　130, 131
二項——
　　86, 91, 92, 100, 103
不変——　　　　　　　130
ベータ——　　92, 93, 95
ポアソン——
　　　　86, 99, 100, 119
ボルツマン——　　　133
連続確率——　　　　107
ロジスティック——　126
平滑化　　　　　　　　162
平均　49, 51, 84, 88, 104,
106, 115, 123, 165
——値　　　　　　　55
——ベクトル　　59, 61
ベイジアン　　6, 90, 220
ベイジアン・ナッシュ均衡
　　　　　　　　84, 224
ベイジアン・ネットワーク
　　　　　　　66, 69, 71
ベイズ更新　4, 23, 28, 157,
163, 164, 173
　正規分布の——公式
　　　　　　　106, 165
ベイズ推論　　　　　162
ベイズ線形判別関数　56
ベイズ統計学　3, 5, 16, 21,
23, 32, 82, 136, 154, 220,
221, 239

ベイズの定理　5, 18, 22, 24,
32, 75, 77, 78, 83, 170,
176, 219, 220
ベイズ判別　46, 50, 187
ベイズ判別領域　　　59
ベータ関数　　　　　92
　完全——　　　　　92
ベータ分布　　92, 93, 95
ベクトル　　　　　　54
　平均——　　　59, 61
ベルシカラー　　　　48
変数選択　　　　　　142
変量　　　　　　　　49
変量効果モデル　　　113
変量模型　　　　　　115
ポアソン回帰　　　　119
ポアソン分布　86, 99, 100, 119
　——の尤度　　　　87
母数　　　　　　　　84
ボルツマン分布　　　133
ボルツマン・マシン　177
ホロコースト　　　　207

マ行

マクスミン　　　　　224
マトリックス　49, 54, 129
マルクス主義　　　　213
マルコフ過程　　　　129
マルコフ連鎖
　　124, 128, 129, 130
マルコフ連鎖モンテカルロ法
　　　111, 123, 124, 145
ミスフィット　　　　183
見立て　　　　　92, 94
ミニマックス　　　　224
ムーアの法則　201, 223
メタ分析（メタ解析）
　　112, 114, 118, 121
メトロポリス-ヘイスティン
　グス法　　　131, 133
目的因　　　　　　　67

モデル
　階層ベイズ・——
　　　　　111, 114, 143
　階層——　　110, 116
　固定効果——　　　113
　線形回帰——　　　182
　つぼの——　18, 23, 29
　プロビット・——142, 144
　分散分析変量効果——
　　　　　　112, 113
　変量効果——　　　113
モンテカルロ法　　　124

ヤ行

焼き入れ　　　　　　128
唯物論　　　　　　　206
有向非循環グラフ　　69
尤度　22, 24, 42, 72, 76, 83,
85, 165
　正規分布の——　　87
　二項分布の——　　87
　ポアソン分布の——　87
有病正診率　　　　　43
有病率　　　　　　　26
ユダヤ教　　　　　　208
ユニテリアン　208, 209, 216
陽性　　　　　　　　39
容貌　　　　　　　　46
預言者　　　　　　　213
予測　　　　　　　　162
弱い葦　　　　　　　7

ラ行

ラプラスの定理　　　103
リアルタイム　　　　155
リスク率　　　　　　119
理由不十分の原則　　27
量子コンピューティング　235
量子論理　　　　　　235
臨床試験　　　　　　92
累積分布関数　125, 127, 174

253

レイヤー	179	ロジスティック分布	126	**Excel 関連**
連続確率分布	107	ロジット回帰分析		BETA.DIST 96, 98
ロジスティック回帰		⇒ロジット分析を参照		EXP 175
84, 142, 179		ロジット分析 126, 142		GAMMA.DIST 101, 102
多層累積的——	178	ロボット工学 193		NORM.DIST 104
ロジスティック関数 171,		論理 3, 82		NORM.INV 106
173, 174, 176, 179, 180				NTBINORMDIST 56

人名

アンダーソン、エドガー・シャノン (Anderson, Edgar Shannon)	46
ウィーナー、ノーバート (Wiener, Norbert)	160
ヴィンジ、ヴァーナー・シュテファン (Vinge, Vernor Steffen)	200
オイラー、レオンハルト (Euler, Leonhard)	7, 92, 100
カーツワイル、レイ (Kurzweil, Ray、Kurzweil, Raymond)	32, 66, 191
グッド、アーヴィング・ジョン (Good, Irving John)	200
ゲイツ、ビル (Gates, William Henry "Bill" III)	197
ケインズ、ジョン・メイナード (Keynes, John Maynard)	240
コルモゴロフ、アンドレイ・ニコラエヴィッチ (Kolmogorov, Andrey Nikolaevich)	219
ショア、ピーター (Shor, Peter Williston)	235
竹内外史 (たけうち　がいし)	235
ド・モアブル、アブラーム (de Moivre, Abraham)	103, 218
バーク、エドマンド (Burke, Edmund)	239
パール、ジューディア (Pearl, Judea)	75
パスカル、ブレーズ (Pascal, Blaise)	5, 7, 91, 218
フィッシャー、サー・ロナルド・エイルマー (Fisher, Sir Ronald Aylmer)	46
フェラー、ウィリアム (Feller, William)	219
フォン・ノイマン、ジョン (von Neumann, John)	124, 200, 235
プライス、リチャード (Richard Price)	239
ベイズ、トーマス (Bayes, Thomas)	3, 5, 220, 239
ヘイスティングス、ウィルフレッド・キース (Hastings, Wilfred Keith)	133
ベルヌーイ、ダニエル (Bernoulli, Daniel)	218
ベルヌーイ、ヤコブ (Bernoulli, Jakob)	91
ポアソン、シメオン・ドニ (Poisson, Siméon Denis)	100
ムーア、ゴードン (Moore, Gordon E.)	201
メトロポリス、ニコラス (Metropolis, Nicholas)	133
ラプラス、ピエール＝シモン (Laplace, Pierre-Simon)	103, 218
ロック、ジョン (Locke, John)	239

[著者紹介]

松原　望 （まつばら　のぞむ）

東京大学名誉教授
Ph.D.（スタンフォード大学統計学研究科 1972）

1966 年東京大学教養学部基礎科学科（数学コース）卒業。文部省統計数理研究所研究員、米国スタンフォード大学大学院統計学博士課程、筑波大学社会工学系助教授、東京大学教養学部／大学院総合文化研究科／新領域創成科学研究科教授、上智大学外国語学部教授、聖学院大学大学院政治政策学研究科教授を歴任。
専攻分野：確率論、統計学、科学方法論

主な著書

『意思決定の基礎』新版, 朝倉書店, 1985
『統計学入門（基礎統計学Ⅰ）』東京大学教養学部統計学教室編, 東京大学出版会, 1991
『統計的決定』放送大学出版振興会, 1992
『計量社会科学』東京大学出版会, 1997
『統計の考え方』改訂版, 放送大学教育振興会, 2000
『実践としての統計学』共著, 東京大学出版会, 2000
『入門　確率過程』東京図書, 2003
『数学の基本──やりなおしのテキスト』共著, ベレ出版, 2007
『入門統計解析──医学・自然科学編』東京図書, 2007
『入門ベイズ統計──意思決定の理論と発展』東京図書, 2008
『わかりやすい統計学』第 2 版, 丸善出版, 2009
『社会を読み解く数学』ベレ出版, 2009
『ベイズ統計学概説』培風館, 2010
『図解入門よくわかる　最新ベイズ統計の基本と仕組み』秀和システム, 2010（絶版）
『はじめよう！統計学超入門』技術評論社, 2010
『Excel ではじめる社会調査データ分析』共著, 丸善出版, 2011
『松原望の確率過程　超！入門』東京図書, 2011
『松原望　統計学』東京図書, 2013
『人間と社会を変えた 9 つの確率・統計学物語』SB クリエイティブ, 2015
『ファイナンスのための統計学──統計的アプローチによる評価と意思決定』共訳, 東京図書, 2016
『社会を読み解く数理トレーニング』東京大学出版会, 2016
『ベルヌーイ家の遺した数学（MATH+）』東京図書, 2017
『ベイズ統計学』創元社, 2017

『統計学 100 のキーワード』編集, 弘文堂, 2005
『統計応用の百科事典』共編, 丸善出版, 2011
『国際政治の数理・計量分析入門』共編, 東京大学出版会, 2012

ベイズの誓い

——ベイズ統計学は AI の夢を見る

| 2018 年 6 月 20 日 | 初版第 1 刷発行 |
| 2018 年 7 月 5 日 | 第 2 刷発行 |

著 者	松 原 　 望
発行者	清 水 　 正 之
発行所	聖学院大学出版会
	〒 362-8585　埼玉県上尾市戸崎 1-1
	Tel. 048-725-9801 Fax. 048-725-0324
	E-mail : press@seigakuin-univ.ac.jp
本文・カバーデザイン	小出大介（カラーズ）
メインイラスト	藤井美智子
印刷所	株式会社堀内印刷所

©2018, Nozomu Matsubara
ISBN978-4-909022-96-7 C0040